普通高等教育新工科电子信息类系列教材

微处理器与接口技术实验指导书

赖 峻 刘震宇 杨志景 陈丽贤 编

西安电子科技大学出版社

内 容 简 介

本书是与《微处理器与接口技术》(刘震宇主编，西安电子科技大学出版社同步出版)配套的实验指导书。本书由微机汇编语言上机实验、微机硬件实验、单片机实验和仿真实验四大部分组成。

微机汇编语言上机实验是基于 8086 汇编语言的程序设计实验，包括微机程序设计中比较典型程序的设计与调试方法。微机硬件实验包括存储器和常用的 I/O 接口实验，以及一个 8253 与 8259A 的综合实验。单片机实验包括单片机内部并口、定时器/计数器、中断和串行口实验，还包括各种扩展接口的实验，个别实验综合性较强，对提高单片机的动手能力有一定的帮助。仿真实验主要基于 Proteus，结合微机汇编编译程序、Keil μVision 等编译软件，可以作为硬件实验的补充，为学生巩固课堂知识提供一种便捷的实验方法。

本书可以帮助读者更深入地理解和掌握主教材内容，提高独立思考、分析和解决问题的能力。本书每篇还匹配了课程思政内容。

本书可以作为高等学校本科电子、信息、通信、自动化及计算机类相关专业的教材，也可以作为工程技术人员的参考书。

图书在版编目(CIP)数据

微处理器与接口技术实验指导书 / 赖峻等编. —西安：西安电子科技大学出版社，2022.1
(2022.5 重印)
ISBN 978-7-5606-6275-6

Ⅰ. ①微…　Ⅱ. ①赖…　Ⅲ. ①微处理器—接口技术—实验—高等学校—教学参考资料
Ⅳ. ①TP332-33

中国版本图书馆 CIP 数据核字(2021)第 234808 号

策　　划　明政珠
责任编辑　明政珠　孟秋黎
出版发行　西安电子科技大学出版社(西安市太白南路 2 号)
电　　话　(029)88202421　88201467　　邮　　编　710071
网　　址　www.xduph.com　　电子邮箱　xdupfxb001@163.com
经　　销　新华书店
印刷单位　咸阳华盛印务有限责任公司
版　　次　2021 年 12 月第 1 版　2022 年 5 月第 2 次印刷
开　　本　787 毫米×1092 毫米　1/16　印张 10
字　　数　234 千字
印　　数　1001～4000 册
定　　价　26.00 元
ISBN　978-7-5606-6275-6 / TP
XDUP 6577001-2
***如有印装问题可调换

前　言

本书分为四篇包含27个实验。

第一篇主要介绍了汇编程序设计的实验环境、设计步骤和调试方法等，引入了汇编程序设计中的典型程序。

第二篇和第三篇的微机和单片机硬件实验大多借鉴了北京精仪达盛科技有限公司的EL-MUT-Ⅳ单片机/微机实验系统的实验，对读者学好微处理器与接口技术会有较大帮助。

第四篇是基于Proteus的仿真实验，可以帮助没有硬件实验平台的读者深入理解和巩固理论知识；或作为硬件实验的补充，为学生巩固课堂知识提供一种便捷的实验方法；亦可结合第一篇内容，用作在线课堂学习的配套实验。本篇内容主要是针对第二、三篇的内容进行设计的，包括微机和单片机的实验，可为读者了解Proteus仿真实验及基本的微机汇编和单片机Keil μVision集成开发环境提供帮助。

本书的作者为广东工业大学的一线教师。本书在写作过程中得到了广东工业大学信息工程学院各位领导的大力支持，以及北京精仪达盛科技有限公司的帮助，还得到了伍卓丰、黎松毅两位研究生的协助，在此一并表示衷心的感谢！

希望本书能使读者学有所得。由于作者水平有限，时间仓促，虽然付出了大量的时间和精力，但书中不当之处在所难免，欢迎广大同行和读者批评指正。

赖峻

2021年7月

于广东工业大学

目　录

第一篇　微机汇编语言上机实验

本篇主要介绍了汇编程序设计的实验环境、设计步骤和调试方法等，包括汇编语言上机操作、建立学生名次表 RANK 和判断闰年程序三个实验。实验一主要介绍汇编程序设计的步骤，指导读者在 DOS 环境下完成汇编程序编辑、编译、链接和调试的过程。实验二主要对常用的循环程序进行设计，实验三对算术运算类程序进行设计。本篇通过三个简单的实验，让读者掌握典型汇编程序的设计步骤和方法。

理论来源于实践，理论又指导着实践，通过上机实验可以让学生巩固理论知识，学生也能积极利用所学的理论知识去探索实验效果。

实验一　汇编语言上机操作——比较字符串

实验项目名称：汇编语言上机操作——比较字符串
实验项目性质：普通
所属课程名称：微处理器与接口技术
实验仪器设备：计算机
实验计划学时：2

一、实验目的

(1) 学习汇编程序设计的基本方法和技能。
(2) 熟悉汇编语言设计、编写、调试和运行的步骤。

二、实验内容和要求

1. 汇编语言上机操作方法

编写程序，比较两个字符串 STRING1 和 STRING2 所含字符是否相同，若相同则在屏幕上显示“Match.”，否则显示“No Match.”。

2. 系统操作练习

按要求完成操作步骤，重点掌握程序的调试方法。

三、实验步骤

1. 建立 ASM 文件

在 Windows 系统环境下，使用记事本等编辑程序，建立汇编语言 ASM 源文件。源程序如下：

```
                              ; 程序标题——比较字符串
; ****************************************
Data       segment              ; 定义数据段
String1 db 'Move the cursor backward.'
String2 db 'Move the cursor backward.'
;
Mess1  db  'Match. ', 13, 10, '$'
Mess2  db  'No Match!', 13, 10, '$'
Data       ends
; ****************************************
```

```
Program    segment              ; 定义代码段
Main       proc     far
           Assume cs: program, ds:data, es:data
Start:                          ; 起始执行地址
           Push     ds          ; 入栈保存返回地址
           Sub      ax, ax
           Push     ax
           Mov      ax, data    ; 数据段地址
           Mov      ds, ax
           Mov      es, ax
; main part of program goes here
           Lea      si, string1
           Lea      di, string2
           Cld
           Mov      cx, 25
           Repz     cmpsb
           Jz       MATCH
           Lea      dx, mess2
           Jmp      short disp
Match:     Lea      dx, mess1
Disp:      Mov      ah, 09
           Int      21h
Ret        ; return to DOS
Main       endp             ; 程序主要部分结束
Program    ends             ; 代码段结束
           End      start   ; 结束汇编程序
```

程序编写好后，保存文件名为*.asm(注：*代表自定义的文件名，这里保存为 abc.asm)。

2. 源程序汇编

本实验的汇编编译程序放在 C 盘 masm 目录下，首先用汇编程序 MASM 对源文件“abc.asm”进行汇编，产生目标文件 abc.obj。

(1) 进入 DOS 环境。在 Windows 环境下运行 DOSBox 软件，输入命令：

```
Z:\>mount c c:\masm↙
```

然后输入：

```
Z:\>c:↙
```

(2) 在 DOS 环境下输入命令：

```
C:\>masm abc.asm↙
```

屏幕显示如下：

```
The IBM Personal Computer MACRO Assembler
```

Version 1.00 (C) Copyright IBM Corp 1981

Warning　Severe
Error　Error
0　0

如汇编过程出错，则在屏幕上显示出错信息。

3. 链接程序

用链接程序 Link 产生可执行文件“abc.exe”。在 DOS 环境下输入命令：

C:\>link abc.obj↙

执行后，如果有多个选择提示，则一直按回车键即可，最后屏幕显示如下：

IBM 5550 Multistation Linker 2.00
(C) Copyright IBM Corp 1983
Warning: No STACK segmengt
There was 1 error detected

注意：屏幕提示未设置堆栈的警告时可不予理会，因为本例不需要使用堆栈。

4. 执行程序

在 DOS 环境下输入命令：

C:\>abc.exe↙

此时在屏幕上可显示程序的运行结果，屏幕显示如下：

Match.

5. 用 DEBUG 调试程序

(1) 输入调试程序命令：

C:\>debug abc.exe↙

屏幕上显示提示符-。

(2) 运行程序，输入运行命令：

-G↙
Match.

Program Terminated Normally

(3) 反汇编，输入反汇编命令-U，屏幕上显示程序如下：

```
-U↙
19F3:0000  1E        PUSH  DS
19F3:0001  2BC0      SUB   AX, AX
19F3:0003  50        PUSH  AX
19F3:0004  B8EE19    MOV   AX, 19EE
19F3:0007  8ED8      MOV   DS, AX
19F3:0009  8EC0      MOV   ES, AX
19F3:000B  8D360000  LEA   SI, [0000]
```

```
19F3:000F  8D3E1900    LEA    DI, [1900]
19F3:0013  FC          CLD
19F3:0014  B91900      MOV    CX, 0019
19F3:0017  F3          REPZ
19F3:0018  A6          CMPSB
19F3:0019  7406        Jz     0021
19F3:001B  8D163B00    LEA    DX, [003B]
19F3:001F  EB04        JMP    0025
-U
19F3:0021  8D163200    LEA    DX, [0032]
19F3:0025  B409        MOV    AH, 09
19F3:0027  CD21        INT    21
19F3:0029  CB          RETF
19F3:002A  FF7501
```

将断点设置在程序的主要部分运行以前，即偏移地址 000B 处，运行输入命令为：

```
-G0B↙
AX=19EE BX=0000 CX=007A DX=0000 SP=FFFC BP=0000 SI=0000 DI=0000
DS=19EE ES=19EE SS=19EE CS=19F3 IP=000B NV UP DI PL ZR NA PE NC
19F3:000B  8D360000  LEA  SI, [0000]        DS:0000=6F4D
```

根据其中指示的 DS 寄存器内容，使用 D 命令查看数据段的情况，如下所示：

```
-D0↙
19EE:0000 4D 6F 76 65 20 74 68 65-20 63 75 72 73 6F 72 20    Move the cursor
19EE:0010 62 61 63 6B 77 61 72 64-2E 4d 6f 76 65 20 74 68    backward.Move th
19EE:0020 65 20 63 75 72 73 6F 72-20 62 61 63 6b 77 61 72    e cursor backwar
19EE:0030 64 2E 4D 61 74 63 68 2E-0d 0a 24 4E 6F 20 6D 61    d.Match...$ No Ma
19EE:0040 74 63 68 21 0D 0A 24 00-00 00 00 00 00 00 00 00    tch!..$.........
19EE:0050 1E 2B C0 50 B8 EE 19 8E-D8 8E C0 8D 36 00 00 8D    .+@P8N..X.@.6...
19EE:0060 3E 19 00 FC B9 19 00 F3-A6 74 06 8D 16 3B 00 EB    >..19..S&T...; .K
19EE:0070 04 8D 16 32 00 B4 09 CD-21 CB FF 75 01 40 5A 22    ...2.4.M!K.u.@Z"
```

可用 E 命令修改数据区的字符串，操作如下：

```
-E29↙
19EE:0029 62.66 61.6F 63.72 6B.77 77.61 61.72 72.64
19EE:0030 64.2E 2E.20
```

再次用 D 命令查看修改结果：

```
-D0↙
19EE:0000 4D 6F 76 65 20 74 68 65-20 63 75 72 73 6F 72 20    Move the cursor
19EE:0010 62 61 63 6B 77 61 72 64-2E 4d 6f 76 65 20 74 68    backward.Move th
19EE:0020 65 20 63 75 72 73 6F 72-20 66 6F 72 77 61 72 64    e cursor forward
19EE:0030 2e 20 4D 61 74 63 68 2E-0d 0a 24 4E 6F 20 6D 61    . Match…$ No Ma
```

```
19EE:0040 74 63 68 21 0D 0A 24 00-00 00 00 00 00 00 00 00     tch!..$.........
19EE:0050 1E 2B C0 50 B8 EE 19 8E-D8 8E C0 8D 36 00 00 8D     .+@P8N..X.@.6...
19EE:0060 3E 19 00 FC B9 19 00 F3-A6 74 06 8D 16 3B 00 EB     >..19..S&T...;.K
19EE:0070 04 8D 16 32 00 B4 09 CD-21 CB FF 75 01 40 5A 22     ...2.4.M!K.u.@Z"
```

用 G 命令运行程序，结果为：

```
-G↙
No Match!

Program terminated normally
```

用 Q 命令退出程序：

```
-Q↙
```

至此，程序调试完毕。

四、实验报告要求

分析程序功能，熟悉汇编语言程序设计的步骤，记录调试程序过程中遇到的问题。

思　考　题

1. 汇编语言的集成环境有几个主要环节？
2. 将程序中的指令 Jz MATCH 改为 Jnz MATCH，程序结果如何？为什么？
3. 将内存 Data1 单元开始的 0～15 共 16 个数传送到 Data2 单元开始的数据区中。

实验二　建立学生名次表 RANK

实验项目名称：建立学生名次表 RANK
实验项目性质：普通
所属课程名称：微机处理器与接口技术
实验仪器设备：计算机
实验计划学时：2

一、实验目的

(1) 学习循环程序的设计方法。
(2) 熟练掌握程序的调试方法。

二、实验内容和要求

本程序采用两重循环来建立学生名次表，内层循环对应学生的名次计算，外层循环解决所有学生的名次；以 GRADE 为首地址的 10 个字保存学生的成绩，以 RANK 为地址的 10 个字填入学生的名次。

本程序对应的寄存器分配情况说明如下：

(1) AX：存放当前被测学生的成绩；
(2) BX：存放当前被测学生的相对地址指针；
(3) CX：内循环计数值；
(4) DX：当前被测学生的名次计数值；
(5) SI：内循环测试时的地址指针；
(6) DI：外循环计数值。

三、实验步骤

1. 实验参考程序

实验参考程序如下：

```
                                        ; 程序标题——排序
;*************************************
        Data        segment             ; 定义数据段
        Grade       dw      88, 75, 95, 63, 98, 78, 87, 73, 90, 60
        Rank        dw      10 dup(?)
        Data        ends
;*************************************
        Program     segment             ; 定义代码段
```

```
Main        proc  far
            Assume cs:program, ds:data
Start:      Push    ds              ; 入栈保存返回地址
            Sub     ax, ax
            Push    ax
            Mov     ax, data
            Mov     ds, ax
            Mov     di, 10
            Mov     bx, 0
Loop1:      Mov     ax, grade[bx]
            Mov     dx, 0
            Mov     cx, 10
            Lea     si, grade
Next:       Cmp     ax, [si]
            Jg      no_count
            Inc     dx
No_count:   Add     si, 2
            Loop    next
            Mov     rank[bx], dx
            Add     bx, 2
            Dec     di
            Jne     loop1
            Ret
Main        endp
Program     ends
            End     start
```

2. 程序调试

输入以下命令，开始调试程序。以下调试过程仅供参考，实验中可以使用实验一中掌握的调试命令，按需求进行程序的调试。

```
C:\ >debug *.exe↙
-U
19F3:0000  1E          PUSH    DS
19F3:0001  2BC0        SUB     AX, AX
19F3:0003  50          PUSH    AX
19F3:0004  B8EE19      MOV     AX, 19EE
19F3:0007  8ED8        MOV     DS, AX
19F3:0009  BF0A00      MOV     DI, 000A
19F3:000C  BB0000      MOV     BX, 0000
```

```
19F3:000F  8B870000   MOV   AX, [BX+0000]
19F3:0013  BA0000     MOV   DX, 0000
19F3:0016  B90A00     MOV   CX, 000A
19F3:0019  8D360000   LEA   SI, [0000]
19F3:001D  3B04       CMP   AX, [SI]
19F3:001F  7F01       JG    0022

-U
19F3:0021  42         INC   DX
19F3:0022  83C602     ADD   SI, +02
19F3:0025  E2F6       LOOP  001D
19F3:0027  89971400   MOV   [BX+0014], DX
19F3:002B  83C302     ADD   BX, +02
19F3:002E  4F         DEC   DI
19F3:002F  75DE       JNZ   000F
19F3:0031  CB         RETF
19F3:0032  5A         POP   DX
19F3:0033  22C2       AND   AL, DL
19F3:0035  50         PUSH  AX

-G09
AX=19EE BX=0000 CX=0062 DX=0000 SP=FFFC BP=0000 SI=0000 DI=0000
DS=19EE ES=19EE SS=19F0 CS=19F3 IP=000B NV UP DI PL ZR NA PE NC
19F3:0009  BF0A00  MOV    DI, 000A

-D0↙
19EE:0000 58 00 4B 00 5F 00 3F 00-62 00 4E 00 57 00 49 00    X.K._.?.b.N.V.I
19EE:0010 5A 00 3C 00 00 00 00 00-00 00 00 00 00 00 00 00    Z.< ................
19EE:0020 00 00 00 00 00 00 00 00 00 00 00 00 00 00 00 00    .+@P8p..X?........
19EE:0030 64 2E 4D 61 74 63 68 2E-0d 0a 24 4E 6F 20 6D 61    d.Match...$ No ma
19EE:0040 74 63 68 21 0D 0A 24 00-00 00 00 00 00 00 00 00    tch!..$.........
19EE:0050 1E 2B C0 50 B8 EE 19 8E-D8 8E C0 8D 36 00 00    8D .+@P8N..X.@.6...
-G31
AX=003C BX=0014 CX=0000 DX=000A SP=FFFC BP=0000 SI=0014 DI=0000
DS=19EE ES=19EE SS=19F0 CS=19F3 IP=0031 NV UP DI PL ZR NA PE NC
19F3:0031  CB  RETF

-D0
19EE:0000 58 00 4B 00 5F 00 3F 00-62 00 4E 00 57 00 49 00    X.K._.?.b.N.V.I
```

```
19EE:0010 5A 00 3C 00 04 00 07 00-02 00 09 00 01 00 06 00    Z.<................
19EE:0020 05 00 08 00 03 00 0A 00 00 00 00 00 00 00 00 00    .+@P8p..X?........
19EE:0030 64 2E 4D 61 74 63 68 2E-0d 0a 24 4E 6F 20 6D 61    d.Match...$ No ma
19EE:0040 74 63 68 21 0D 0A 24 00-00 00 00 00 00 00 00 00    tch!..$.........
19EE:0050 1E 2B C0 50 B8 EE 19 8E-D8 8E C0 8D 36 00 00       8D .+@P8N..X.@.6...
```

3. 程序框图

程序框图如图 1-2-1 所示。

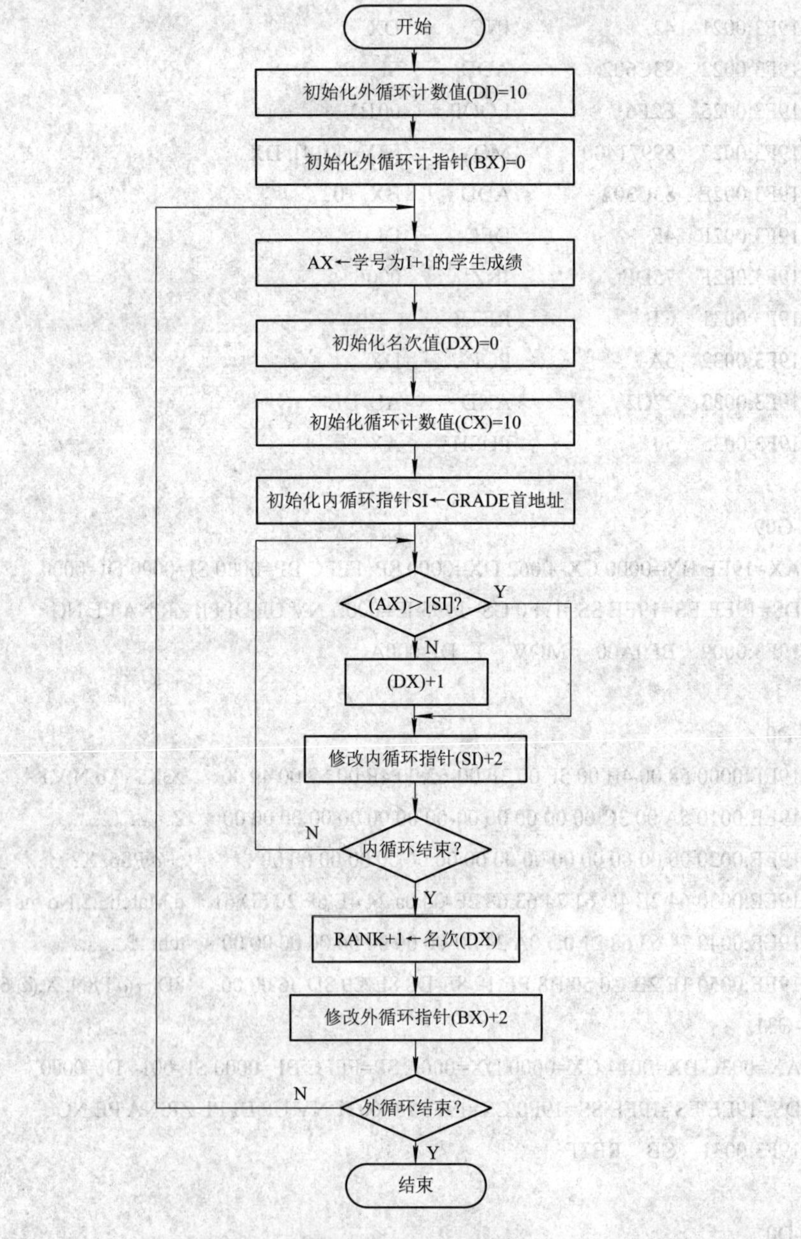

图 1-2-1　建立学生名次表程序框图

四、实验报告要求

(1) 分析双重循环的结构。

(2) 内存中观察到的程序输出结果为十六进制，可否改为十进制？

思　考　题

1. 调试程序时，当用户数据设置好后，程序应运行到什么位置才能查看结果？
2. 程序的数据段定义为字单元，可否用字节来定义，应怎样修改程序？

实验三　判断闰年程序

实验项目名称：判断闰年程序
实验项目性质：普通
所属课程名称：微机处理器与接口技术
实验仪器设备：计算机
实验计划学时：2

一、实验目的

(1) 了解加、减、乘、除算术运算的编程方法。

(2) 了解变量传送的方式以及如何访问存储单元。

二、实验内容和要求

(1) 算术运算是汇编语言程序设计的重要组成部分，在实际应用中，不论是简单的还是复杂的程序，都或多或少要用到一些算术运算，这些算术运算大多数是加、减、乘、除和乘方等。因此，有必要掌握如何用汇编语言编写算术运算程序。

(2) 用汇编语言编写判断某年是否为闰年，年份从键盘输入，通过运行计算后，输出相应信息。

三、实验步骤

利用 DOS 21H 中断类型的 10 号键盘功能调用，将从键盘接收的年份数值型字符串按字节存入缓冲区；将字符串中的每个字符转换为对应的十进制数值(利用 0～9 这 10 个数的 ASCII 码值比其本身大 30H 的关系)，通过判断某年是否为闰年的表达式，判断输出是否为闰年的信息。

1. 源程序

源程序如下：

```
Data      segment
Infon     db   0dh, 0ah, 'Please input a year:$ '
Y         db   0dh, oah, 'this is a leap year!$ '
N         db   0dh, 0ah, 'this is not a leap year!$ '
w         dw   0
buf       db   8
          db   ?
```

```
                db      8       dup(?)
Data            ends
Stack           segment stack
                db      200     dup(0)
Stack           ends
Code            segment
                assume ds:data, ss:stack, cs:code
start:          mov     ax, data
                mov     ds, ax
                lea     dx, infon       ; 在屏幕上显示提示信息
                mov     ah, 9
                int     21h
                lea     dx, buf         ; 从键盘输入年份字符串
                mov     ah, 10
                int     21h
                mov     cl, [buf+1]
                lea     di, buf+2
                call    datacate
                call    ifyears
                jc      al
                lea     dx, n
                mov     ah, 9
                int     21h
                jmp     exit
al:             lea     dx, y
                mov     ah, 9
                int     21h
exit:           mov     ah, 4ch
                int     21h
Datacate        proc    near                    ; 将数值转换为ASCII码字符子程序
                push    cx
                dec     cx
                lea     si, buf+2
tt1:            inc     si
                loop    tt1
                pop     cx
                mov     dh, 30h
```

```
            mov     bl, 10
            mov     ax, 1
11:         push    ax
            Sub     byte ptr [si], dh
            Mul     byte ptr [si]
            Add     w, ax
            Pop     ax
            Mul     bl
            Dec     si
            Loop    11
            Ret
Datacate    endp
Ifyears     proc    near
            Push    bx
            Push    cx
            Push    dx
            Mov     ax, w
            Mov     cx, ax
            Mov     dx, 0
            Mov     bx, 4
            Div     bx
            Cmp     dx, 0
            Jnz     lab1
            Mov     ax, cx
            Mov     bx, 100
            Div     bx
            Cmp     dx, 0
            Jnz     lab2
            Mov     ax, cx
            Mov     bx, 400
            Div     bx
            Cmp     dx, 0
            JZ      lab2
Lab1:       clc
            Jmp     lab3
Lab2:       stc
Lab3:       pop     dx
```

```
            Pop     cx
            Pop     bx
            Ret
Ifyears     endp
Code        ends
            End     start
```

2. 程序运行结果

程序运行结果如下：

```
C:\>ifleap
Please input a year:1996
This is a leap year!
C:\>ifleap
Please input a year: 2003
This is not a leap year!
C:\>
```

3. 程序框图

程序框图如图 1-3-1 所示。

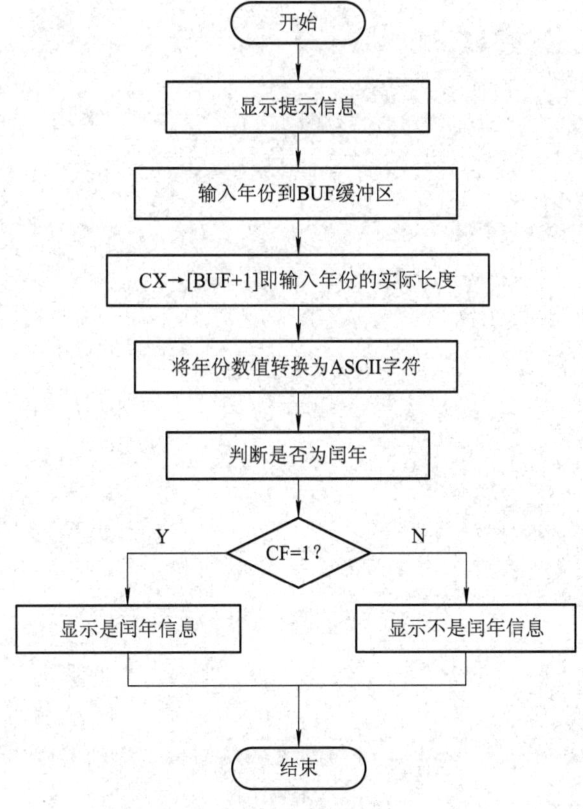

图 1-3-1　判断闰年程序的程序框图

四、实验报告要求

(1) 分析程序是如何实现判断闰年的。
(2) 总结汇编语言实现算术运算的方法。

思　考　题

写出实验中判断闰年的公式。

第二篇　微机硬件实验

本篇实验基于北京精仪达盛科技有限公司开发的单片机/微机实验系统 EL-MUT-Ⅳ。

本篇使用了 8086CPU 模块作为核心模块以完成微机部分的硬件实验，包含了简单 I/O 口扩展、存储器读写、8255 并行口、8253 定时器/计数器接口、A/D、D/A、8259A 中断控制器实验和基于定时中断的实时控制综合实验。读者对微型计算机理论知识的学习有一定难度，通过这些实验可以加强读者对理论知识的深入理解和领悟。

读者可以根据课程安排，选择其中的部分实验作为课程实验。最后一个综合实验可以作为综合设计课程来安排。

本篇实验中用到的 EL-MUT-Ⅳ平台专用的微机开发环境使用方法可参考附录二。微机的相关硬件资源可参考附录一。

硬件实验实际上软件和硬件相结合的，实验操作的细微差别，可能引起结果的不一致，我们应在实验中尊重结果，实事求是，培养一种工匠精神。

实验一　简单I/O口扩展实验

实验项目名称：简单I/O口扩展实验
实验项目性质：普通
所属课程名称：微处理器与接口技术
实验仪器设备：计算机、MUT-Ⅳ型实验箱、8086CPU模块
实验计划学时：2

一、实验目的

(1) 熟悉74LS273、74LS244的应用接口方法。
(2) 掌握用锁存器、三态门扩展简单并行输入、输出口的方法。

二、实验内容和要求

将逻辑电平开关的状态输入74LS244，然后通过74LS273锁存输出，利用LED显示电路作为输出的状态显示。

三、实验步骤

本实验用到两部分电路：开关量输入/输出电路和简单I/O口扩展电路。输入缓冲电路由74LS244组成，输出锁存电路由上升沿锁存器74LS273组成。74LS244是一个扩展输入口，74LS273是一个扩展输出口，同时它们都是单向驱动器，以减轻总线的负担。74LS244的输入信号由插孔IN0～IN7输入，插孔CS244是其选通信号，其他信号线已接好；74LS273的输出信号由插孔O0～O7输出，插孔CS273是其选通信号，其他信号线已接好。实验步骤如下所示。

1. 实验接线

实验接线为：CS0↔CS244；CS1↔CS273；平推开关的输出K1～K8↔IN0～IN7(对应连接)；O0～O7↔LED1～LED8。

注意：↔表示相互连接。74LS244或74LS273的片选信号可以改变，例如连接CS2，此时应同时修改程序中相应的地址。

2. 编写程序

单步运行，并调试程序。

参考程序如下：

```
        assume      cs:code
        code        segment public
```

```
        org     100h
start:  mov     dx, 04a0h           ; 74LS244 地址
        in      al, dx              ; 读输入开关量
        mov     dx, 04b0h           ; 74LS273 地址
        out     dx, al              ; 输出至 LED
        jmp     start
        code    ends
        end     start
```

程序框图如图 2-1-1 所示。

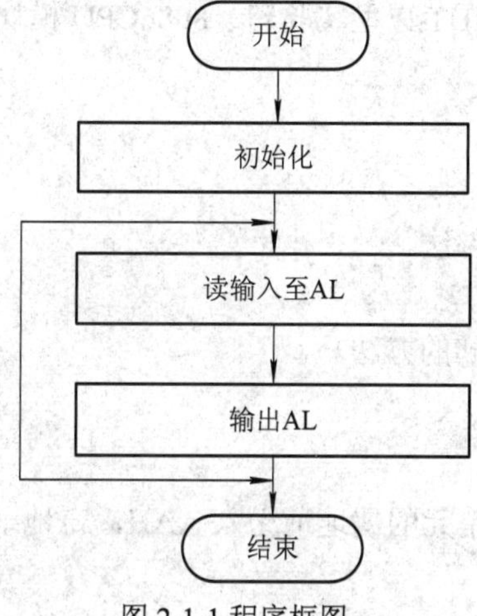

图 2-1-1 程序框图

3. 实验测试和结果分析

调试通过后，全速运行程序，观看实验结果。

程序全速运行后，逻辑电平开关的状态改变应能在 LED 上显示出来。例如：K2 置于 L 位置，则对应的 LED2 应该点亮。

四、实验报告要求

(1) 记录实验中遇到的各种问题及解决过程、调试结果。

(2) 记录单步调试程序的各寄存器的变化情况。

(3) 记录全速运行程序的运行情况，并将测试照片放到实验报告中。

思　考　题

1. 主机与外设之间的基本输入/输出方式有哪几种？
2. 本程序采用的是什么输入/输出方式？
3. 若采用查询方式编程，应如何修改程序？

实验二　存储器读写实验

实验项目名称：存储器读写实验
实验项目性质：普通
所属课程名称：微处理器与接口技术
实验仪器设备：计算机、MUT-Ⅳ型实验箱、8086CPU 模块
实验计划学时：2

一、实验目的

(1) 掌握 PC 机外存扩展的方法。
(2) 熟悉 6264 芯片的接口方法。
(3) 掌握 8086 16 位数据存储的方法。

二、实验内容和要求

向存储器 02000～020FFH 单元的偶地址送入 AAH，奇地址送入 55H。

三、实验步骤

在 8086 系统中，存储器分成两部分：高位地址部分(奇字节)和低位地址部分(偶字节)。当 A0=1 时，片选信号选中奇字节；当 A0=0 时，选中偶字节。本实验用到存储器电路。该电路由一片 2764、一片 27256、一片 6264、一片 62256、三片 74LS373 组成，2764 提供监控程序高 8 位，27256 提供监控程序低 8 位，6264 提供用户程序及数据存储高 8 位，2764 提供监控程序低 8 位，74LS373 提供地址信号。ABUS 是地址总线，DBUS 是数据总线。D0～D7 是数据总线低 8 位，D8～D15 是数据总线高 8 位。其他控制总线如 MEMR、MEMW 和片选线均已接好。实验与步骤如下所示。

1. 实验接线

本实验无需接线。

2. 编写程序

参考程序如下：

```
            code      segment
            assume    cs:code
            org       0100h
start:      mov       ax, 0100h
            mov       ds, ax              ; 数据段地址
            mov       es, ax
```

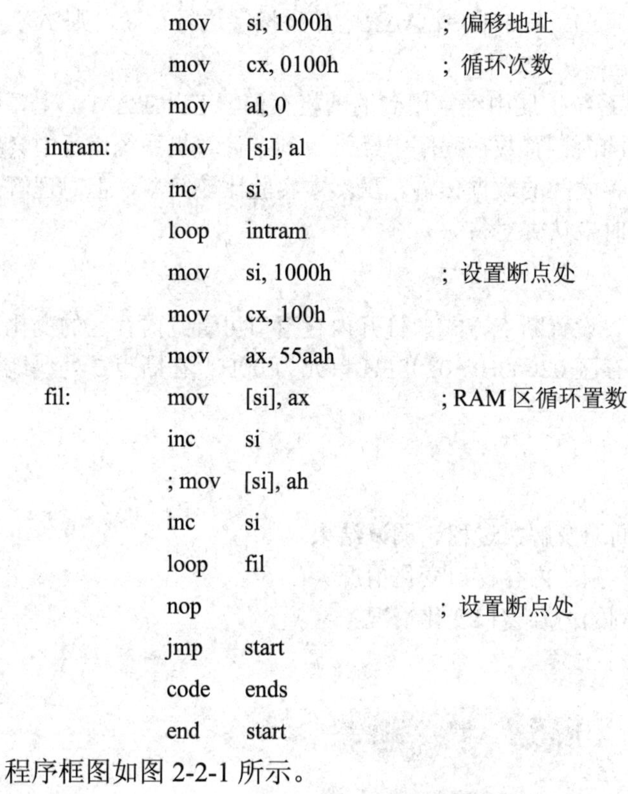

```
            mov     si, 1000h           ; 偏移地址
            mov     cx, 0100h           ; 循环次数
            mov     al, 0
intram:     mov     [si], al
            inc     si
            loop    intram
            mov     si, 1000h           ; 设置断点处
            mov     cx, 100h
            mov     ax, 55aah
fil:        mov     [si], ax            ; RAM 区循环置数
            inc     si
            ; mov   [si], ah
            inc     si
            loop    fil
            nop                         ; 设置断点处
            jmp     start
            code    ends
            end     start
```

程序框图如图 2-2-1 所示。

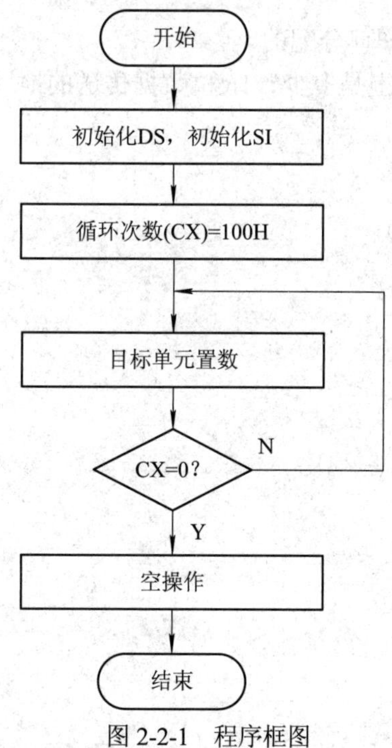

图 2-2-1 程序框图

3. 实验提示

(1) RAM 区的地址为 02000H，编程时该段地址设为 01000H，则偏移地址为 1000H。

(2) 如果按字节进行存储，则 AL 为 55H 或 AAH；如果按字进行存储，则 AX 应为 55AAH。

(3) 6264、62256 等是计算机系统扩展中经常用到的随机存储器芯片(RAM)，主要用作数据存储器扩展。本实验所进行的内存置数在程序中经常用到。计算机系统运行中会频繁地进行内存与外设或者内存与内存之间的数据传输。虽然本实验比较简单，但对理解系统程序的运行很关键，学习和实验时应认真对待。

4. 实验测试和结果分析

运行实验程序，可采取单步、设置断点方式。打开内存窗口可看到内存区的变化。

运行程序后，在断点 1 处内存区 02000H～020FFH 单元为 00H；在断点 2 处偶地址为 AAH，奇地址为 55H。

四、实验报告要求

(1) 记录实验中遇到的各种问题及解决过程、调试结果。

(2) 记录未设置断点时，观察到的内存窗口变化情况。

(3) 记录设置断点后，观察到的内存窗口变化情况。

思 考 题

1. 存储器 6264 的地址是如何分配的？
2. 8 位数据传送的地址范围是多少？16 位数据传送的地址范围是多少？

实验三　8255 并行口实验

实验项目名称：8255 并行口实验

实验项目性质：普通

所属课程名称：微处理器与接口技术

实验仪器设备：计算机、MUT-Ⅳ型实验箱、8086CPU 模块

实验计划学时：2

一、实验目的

掌握 8255 的编程原理。

二、实验内容和要求

8255 的 A 口作为输入口，与逻辑电平开关相连。8255 的 B 口作为输出口，与发光二极管相连。编写程序，使得逻辑电平开关的变化在发光二极管上显示出来。

三、实验步骤

本实验用到两部分电路：开关量输入输出电路和 8255 可编程并口电路。8255 可编程并口电路由 1 片 8255 组成，8255 的数据口、地址、读写线、复位控制线均已接好，片选输入端插孔为 8255CS，A、B、C 三端口的插孔分别为 PA0～PA7、PB0～PB7、PC0～PC7。实验步骤如下所示。

1. 实验接线

实验接线为：CS0↔CS8255；PA0～PA7↔平推开关的输出 K1～K8；PB0～PB7↔发光二极管的输入 LED1～LED8。

2. 编程并全速或单步运行

参考程序如下：

```
        assume  cs:code
        code    segment public
        org     100h
start:  mov     dx, 04a6h           ; 控制寄存器地址
        mov     ax, 90h             ; 设置为 A 口输入，B 口输出
        out     dx, ax
start1: mov     dx, 04a0h           ; A 口地址
        in      ax, dx              ; 输入
        mov     dx, 04a2h           ; B 口地址
        out     dx, ax              ; 输出
```

```
        jmp     start1
        code    ends
        end     start
```

程序框图如图 2-3-1 所示。

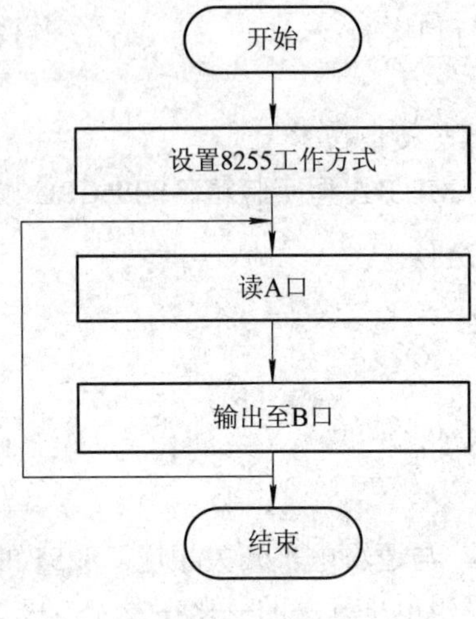

图 2-3-1　程序框图

3. 实验提示

8255 是比较常用的一种并行接口芯片，有三个 8 位的输入/输出端口，通常将 A 端口用于输入，B 端口用于输出，C 端口用于辅助控制，本实验也是如此。本实验中，8255 工作于基本输入/输出方式(方式 0)。

4. 实验测试和结果分析

全速运行时拨动开关，观察发光二极管的变化。

程序全速运行后，逻辑电平开关的状态改变应能在 LED 上显示出来。例如：K2 置于 L 位置，则对应的 LED2 应该点亮，置于 H 时熄灭。

四、实验报告要求

(1) 记录实验中遇到的各种问题及解决过程、调试结果。

(2) 记录单步运行后观察到的寄存器变化情况。

(3) 记录全速运行后观察到的 LED 随开关的变化，并将测试照片放到实验报告中。

思　考　题

1. 本实验实现的是什么数据传送方式？若改用查询方式传送数据，应该如何修改程序？

2. 8255 并行工作方式 0 的特点及使用方法分别是什么？

实验四　8253 定时器/计数器接口实验

实验项目名称：8253 定时器/计数器接口实验
实验项目性质：普通
所属课程名称：微处理器与接口技术
实验仪器设备：计算机、MUT-Ⅳ型实验箱、8086CPU 模块、示波器
实验计划学时：2

一、实验目的

掌握 8253 定时器/计数器的编程原理，用示波器观察不同模式下的输出波形。

二、实验内容

8253 定时器/计数器 0、1、2 工作于方波方式，观察其输出波形。

三、实验步骤

本实验用到两部分电路：脉冲产生电路和 8253 定时器/计数器电路。8253 定时器/计数器电路由 1 片 8253 组成，8253 的片选输入端插孔 CS8253，数据口、地址、读写线均已接好，T0、T1、T2 时钟输入分别为 8252CLK0、8253CLK1、8253CLK2。定时器/计数器输出，GATE 控制孔对应为：OUT0、GATE0、OUT1、GATE1、OUT2、GATE2、CLK2。实验步骤如下所示。

1. 实验接线

实验接线为：CS0↔CS8253；OUT0↔8253CLK2；OUT2↔LED1；示波器↔OUT1；CLK3↔8253CLK0；CLK3↔8253CLK1。

2. 编程调试程序

参考程序如下：

```
        assume   cs:code
        code     segment public
        org      100h
start:  mov      dx, 04a6h          ；控制寄存器
        mov      ax, 36h            ；计数器 0，方式 3
        out      dx, ax
        mov      dx, 04a0h
        mov      ax, 7Ch
        out      dx, ax
```

```
          mov    ax, 92h
          out    dx, ax              ; 计数值 927Ch
          mov    dx, 04a6h
          mov    ax, 76h             ; 计数器 1，方式 3
          out    dx, ax
          mov    dx, 04a2h
          mov    ax, 32h
          out    dx, ax
          mov    ax, 0               ; 计数值 32h
          out    dx, ax
          mov    dx, 04a6h
          mov    ax, 0b6h            ; 计数器 2，方式 3
          out    dx, ax
          mov    dx, 04a4h
          mov    ax, 04h
          out    dx, ax
          mov    ax, 0               ; 计数值 04h
          out    dx, ax
next:     nop
          jmp    next
          code   ends
          end    start
```

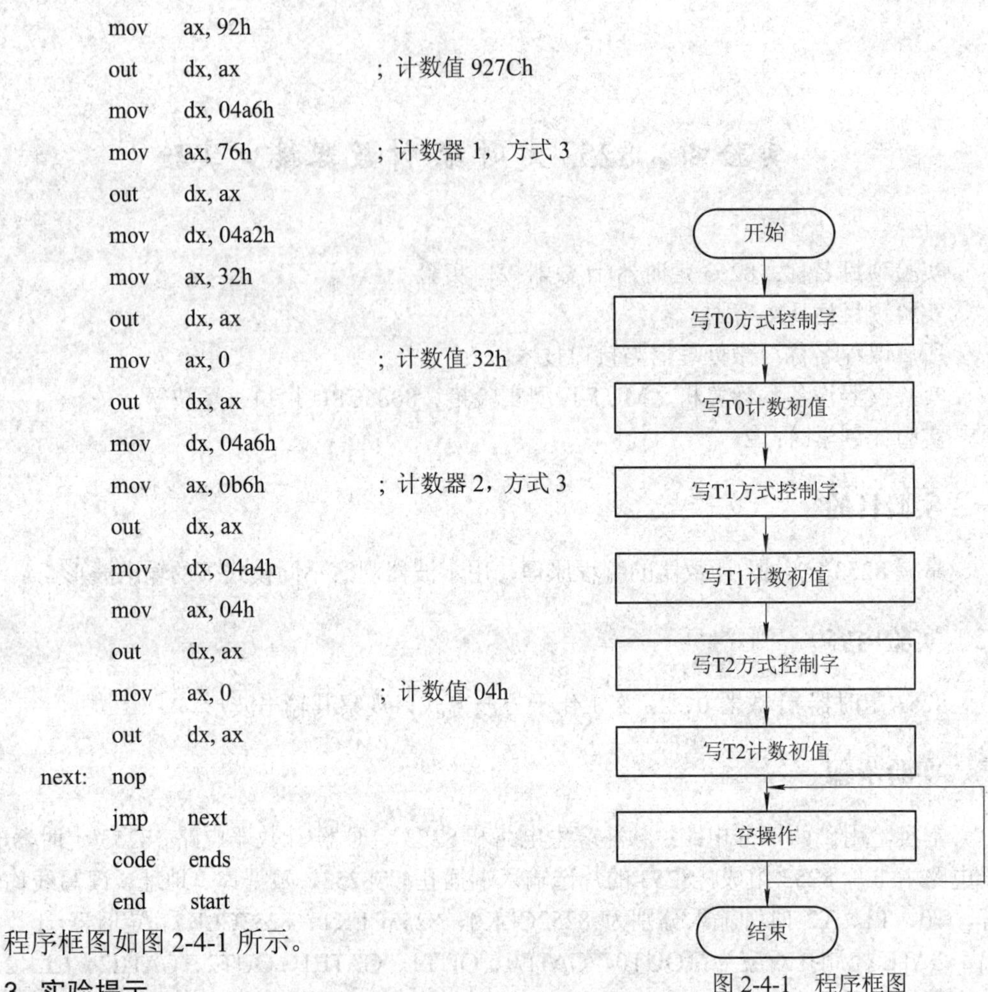

图 2-4-1　程序框图

程序框图如图 2-4-1 所示。

3. 实验提示

8253 是计算机系统中经常使用的可编程定时器/计数器，其内部有三个相互独立的计数器，分别称为 T0、T1、T2。8253 有多种工作方式，其中方式 3 为方波方式。当计数器设好初值后，计数器递减计数，在计数值的前一半输出高电平，后一半输出低电平。实验中，T0、T1 的时钟由 CLK3 提供，其频率为 750 kHz。程序中，T0 的初值设为 927Ch(37500 十进制)，则 OUT0 输出的方波周期为($37500 \times 4/3 \times 10^{-6} = 0.05$ s)。T2 采用 OUT0 的输出为时钟，则在 T2 中设置初值为 n 时，OUT2 输出方波周期为 $n \times 0.05$ s。n 的最大值为 FFFFH，所以 OUT2 输出方波最大周期为 3276.75 s(≈54.6 min)。可见，采用计数器叠加使用后，输出周期范围可以大幅度提高。

4. 实验测试和结果分析

全速运行，观察实验结果。

程序全速运行后，LED1 闪烁 (周期为 0.25 s)，OUT1 示波器观察为方波，频率为 15 kHz。

四、实验报告要求

(1) 记录实验中遇到的各种问题及解决过程、调试结果。

(2) 记录示波器的输出显示波形及其参数。

(3) 记录全速运行后观察到的 LED 变化，并将测试照片放到实验报告中。

思 考 题

1. 若改用工作方式 2(分频方式)，则计数初值为 10、计数器 0 的输出波形是怎样的？
2. 如果要求定时时间为 2 ms，那么定时系数是多少？(假设频率为 750 kHz)

实验五　A/D 实 验

实验项目名称：A/D 实验
实验项目性质：普通
所属课程名称：微处理器与接口技术
实验仪器设备：计算机、MUT-Ⅳ型实验箱、8086CPU 模块、万用表
实验计划学时：2

一、实验目的

熟悉 A/D 转换的基本原理，掌握 ADC0809 的使用方法。

二、实验内容

从 ADIN0 输入一路模拟信号，启动 A/D 转换，用简单输入口(74LS244)查询 EOC 信号，转换结束后查看转换结果。同时用万用表测量输入的模拟电压，与转换后的数字量比较。以横坐标为模拟电压、纵坐标为转换的数字量作图，检查 A/D 转换的线性度。

其他通道实验与通道 0 类似，相应修改地址即可。

三、实验步骤

本实验用到两部分电路：简单 I/O 口扩展电路和 A/D 电路。八路八位 A/D 实验电路由一片 ADC0809、一片 74LS04、一片 74LS32 组成，该电路中，ADIN0～ADIN7 是 ADC0809 的模拟量输入插孔，CS0809 是 0809 的 A/D 启动和片选的输入插孔，EOC 是 0809 转换结束标志，高电平表示转换结束。齐纳二极管 LM336-5 提供 5V 的参考电源和 ADC0809 的参考电压，数据总线输出、通道控制线均已接好。A/D 实验的操作步骤如下所示。

(1) 实验接线：AN0↔ADIN0；CS0↔CS0809；CS1↔CS244；EOC↔IN0。

(2) 用实验箱左上角的“VERF.ADJ”电位器调节 ADC0809 12 脚上的参考电压至 5 V。

(3) 编写程序并全速运行。

参考程序如下：

```
con8279     equ       0492h
dat8279     equ       0490h
            assume    cs:code
            code      segment public
            org       100h
start:      jmp       start1
segcod      db        3fh, 06h, 5bh, 4fh, 66h, 6dh, 7dh, 07h, 7fh, 6fh, 77h, 7ch, 39h, 5eh, 79h, 71h
start1:     mov       dx, 04a0h
```

```
        mov   ax, 34h
        out   dx, ax          ; 启动通道 0
wait1:  mov   dx, 04b0h       ; CS244
        in    ax, dx          ; 读 EOC
        and   ax, 1
        cmp   ax, 1
        jne   wait1           ; 如果 EOC=0，则等待
        mov   dx, 04a0h
        in    ax, dx          ; 读转换结果
        and   ax, 0ffh
        mov   bx, ax
        nop
disp:   mov   di, offset segcod
        mov   ax, 08h         ; 工作方式，16 位，左入
        mov   dx, con8279
        out   dx, ax
        mov   ax, 90h
        mov   dx, con8279
        out   dx, ax          ; 写显示 RAM 命令，地址自增
        mov   dx, dat8279
        push  bx
        and   bx, 0f0h        ; 取高 4 位
        mov   cl, 4
        shr   bx, cl
        add   di, bx
        mov   al, cs:[di]
        mov   ah, 0
        out   dx, ax          ; 写 RAM0
        nop
        nop
        mov   di, offset segcod
        pop   bx
        and   bx, 0fh         ; 取低 4 位
        add   di, bx
        mov   al, cs:[di]
        mov   ah, 0
        out   dx, ax          ; 写 RAM1
delay:  mov   cx, 0ffffh      ; 延时
delay1: nop
        nop
```

```
loop    delay1
jmp     start1
code    ends
end     start
```

程序框图如图 2-5-1 所示。

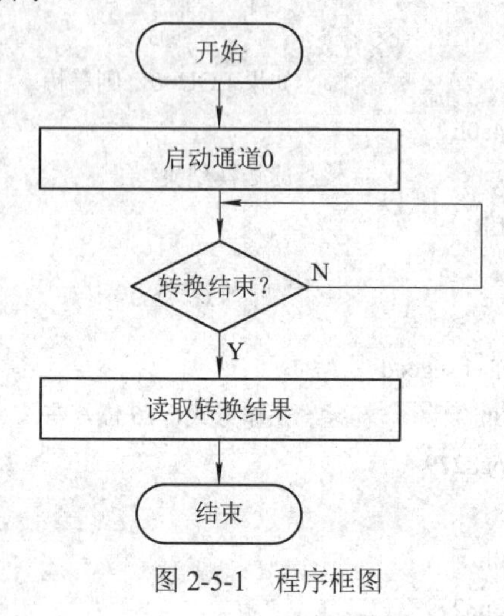

图 2-5-1　程序框图

4. 实验提示

实验电路中启动信号 START 与地址锁存信号相连，所以启动 A/D 转换的方法为：

```
MOV   DX, ADDRESS           ; ADDRESS 是 ADC0809 的端口地址
OUT   AL, DX                ; 发片选及 IOW 信号，启动 0 通道
```

5. 实验测试和结果分析

调节电位器，检测显示数据是否与电位器输出的电压相符合。

当输入电压 AN0 分别为 0 V、1 V、2 V、3 V、4 V、5 V 时，显示数据分别为 00H、33H、66H、99H、0CCH、0FFH(数据低位略有偏差属正常现象)。

四、实验报告要求

(1) 记录实验中遇到的各种问题及解决过程、调试结果。

(2) 对输入电压为 0V、1V、2V、3V、4V、5V 时，列表记录所显示的实际数值。

(3) 绘出输入与输出的坐标曲线图，横坐标是模拟电压，纵坐标是转换的数字量，检查 A/D 转换的线性度。

思　考　题

1. ADC0809 是完成什么功能的芯片？试说明 ADC0809 的变换原理。

2. 通过电位器调节，不断改变输入电压，并记录一组所显示的数据。然后绘图，横坐标是模拟电压，纵坐标是转换的数字量，检查 A/D 转换的线性度。

实验六　D/A 实 验

实验项目名称：D/A 实验
实验项目性质：普通
所属课程名称：微处理器与接口技术
实验仪器设备：计算机、MUT-Ⅳ型实验箱、8086CPU 模块、示波器
实验计划学时：2

一、实验目的

熟悉数模转换的基本原理，掌握 D/A 转换器的使用方法。

二、实验内容

利用 D/A 转换器产生锯齿波和三角波。

三、实验步骤

本实验用到 D/A 电路。8 位双缓冲 D/A 实验电路由一片 DAC0832、一片 74LS00、一片 74LS04 和一片 LM324 组成。该电路中除 DAC0832 的片选未接好外，其他信号均已接好，片选插孔标号 CS0832，输出插孔标号 DAOUT。该电路为非偏移二进制 D/A 转换电路，通过调节 POT3，可调节 D/A 转换器的满偏值，调节 POT2，可调节 D/A 转换器的零偏值。本实验步骤如下：

(1) 实验接线：CS0↔CS0832；示波器↔DAOUT；DS 跳线：1↔2。

(2) 用实验箱左上角的“VERF.ADJ”电位器调节 0832 的 8 脚上的参考电压至 5 V。

(3) 调试程序并全速运行，产生不同波形。

产生锯齿波的参考程序如下：

```
        assume  cs:code
        code    segment public
        org     100h
start:  mov     dx, 04a0h
up1:    mov     bx, 0
up2:    mov     ax, bx
        out     dx, ax              ; 锁存数据
        mov     dx, 04a2h
```

```
            out     dx, ax                  ; 输出使能
            mov     dx, 04a0h
            inc     bx                      ; 数据加 1
            jmp     up2
            code    ends
            end     start
```

产生三角波的参考程序如下：

```
            assume    cs:code
            code    segment public
            org     100h
start:      mov     dx, 04a0h
            mov     bx, 0
up:         mov     ax, bx
            out     dx, ax                  ; 锁存数据
            mov     dx, 04a2h
            out     dx, ax                  ; 输出使能
            inc     bx
            mov     dx, 04a0h
            cmp     bx, 0ffh
            jne     up                      ; 产生三角波上升沿
down:       mov     ax, bx
            out     dx, ax                  ; 锁存数据
            mov     dx, 04a2h
            out     dx, ax                  ; 输出使能
            dec     bx
            mov     dx, 04a0h
            cmp     bx, 0
            jne     down                    ; 产生三角波下降沿
            jmp     up
            code    ends
            end     start
```

程序框图如图 2-6-1 和图 2-6-2 所示。

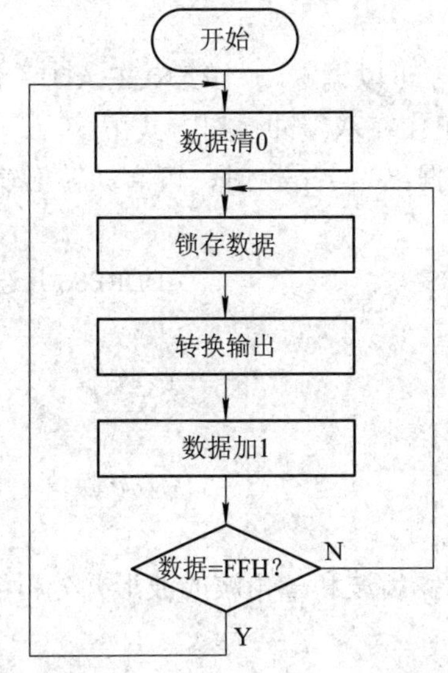

图 2-6-1　产生锯齿波程序框图

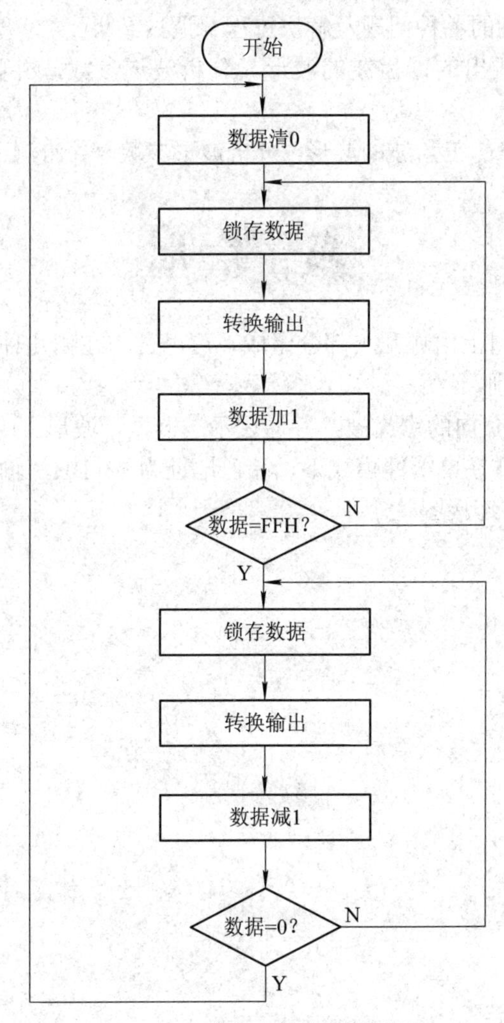

图 2-6-2　产生三角波程序框图

(4) 实验提示。

利用电位器“ZERO.ADJ”可以调零，“RANGE.ADJ”电位器调整满偏值。

DAC0832在本实验中，工作在双缓冲接口方式下。

当A1=0时可锁存输入数据；当A1=1时，可启动转换输出，所以要进行D/A转换需分两步进行，方法如下：

```
MOV     DX, ADDRESS          ; ADDRESS片选信号偶地址
MOV     AL, DATA
OUT     DX, AL               ; 锁存数据
ADD     DX, 2
OUT     DX, AL               ; 启动转换
```

(5) 实验测试和结果分析。

用示波器分别观察得到的锯齿波和三角波的波形并分析波形参数。

四、实验报告要求

(1) 记录实验中遇到的各种问题及解决过程、调试结果。

(2) 记录示波器的输出的锯齿波的波形，分析波形参数，并将测试照片放到实验报告中。

(3) 记录示波器输出的三角波的波形，分析波形参数，并将测试照片放到实验报告中。

思　考　题

1. DAC0832在逻辑上由哪几个部分组成？可以工作在哪几种模式下？不同工作模式在线路连接上有什么区别？

2. 利用实验箱实现负向的锯齿波，并通过示波器显示波形。

3. 设DAC0832工作在单缓冲模式下，端口地址为034BH，输出接运算放大器。试画出其与8088系统的线路连接图。

实验七　8259A 中断控制器实验

实验项目名称：8259A 中断控制器实验

实验项目性质：普通

所属课程名称：微处理器与接口技术

实验仪器设备：计算机、MUT-Ⅳ型实验箱、8086CPU 模块

实验计划学时：2

一、实验目的

(1) 掌握 8259A 的工作原理。

(2) 掌握编写中断服务程序的方法。

(3) 掌握初始化中断向量的方法。

二、实验内容

用单脉冲发生器(P0)作中断源，每按一次产生一次中断申请，中断服务程序中将 AX 的值改为 0055H，如果没有中断源，则不产生中断，AX 始终为 0。

三、实验步骤

本实验用到三部分电路：单脉冲发生器电路、简单 I/O 口扩展电路和 8259A 中断控制器电路。CS8259 是 8259A 芯片的片选插孔，IR0～IR7 是 8259A 的中断申请输入插孔。DDBUS 是系统 8 位数据总线。INT 插孔是 8259A 向 8086CPU 的中断申请线，INTA 是 8086 的中断应答信号。

单脉冲发生器电路由一个按钮、一片 74LS132 组成，具有消颤功能，输出正、反相脉冲，相应输出插孔 P+、P−。常态 P+为高电平，P−为低电平；按钮按下时 P+为低电平，P−为高电平。实验步骤如下所示。

1. 实验接线

实验接线为：CS0↔CS8259；CS1↔CS273；O0～O7↔LED1～LED8；P-↔8259IR0；INT(CPU)↔INT(8259)；INTA(CPU)↔INTA(8259)。

2. 编译调试程序

参考程序如下：

```
            assume  cs:code
            code    segment public
            org     100h
start:      mov     cx, 0
```

```
start1:     cli
            mov   dx, 04a0h
            mov   ax, 13h
            out   dx, ax          ; 设置 ICW1，设置为“要写 ICW4”
            mov   dx, 04a2h
            mov   ax, 80h
            out   dx, ax          ; 设置 ICW2，设置中断类型 80h
            mov   ax, 01
            out   dx, ax          ; 设置 ICW4
            mov   ax, 00h
            out   dx, ax          ; 设置 OCW1，设置为“允许所有中断”开放所有中断
            mov   ax, 0
            mov   ds, ax
            mov   si, 200h        ; 初始化中断向量表
            mov   ax, offset hint
            mov   ds:[si], ax
            add   si, 2
            mov   ds:[si], 100h
            mov   ax, 0
            ; jmp start
            sti
waiting:
            cmp       ax, 55h
            nop
            nop
            nop
            nop
            nop
            nop
            nop
            nop
            jne   waiting              ; 没发生中断，则等待
            nop
            nop
            mov   dx, 04b0h
            xor   cx, 0ffh
            mov   ax, cx
            out   dx, ax               ; LED 灯亮灭一次
            jmp   start1
```

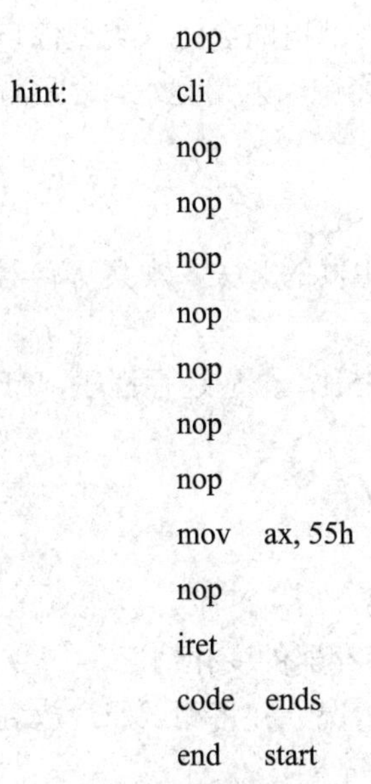

```
            nop
hint:       cli
            nop
            nop
            nop
            nop
            nop
            nop
            nop
            mov   ax, 55h
            nop
            iret
            code  ends
            end   start
```

主程序和中断程序框图分别如图 2-7-1 和 2-7-2 所示。

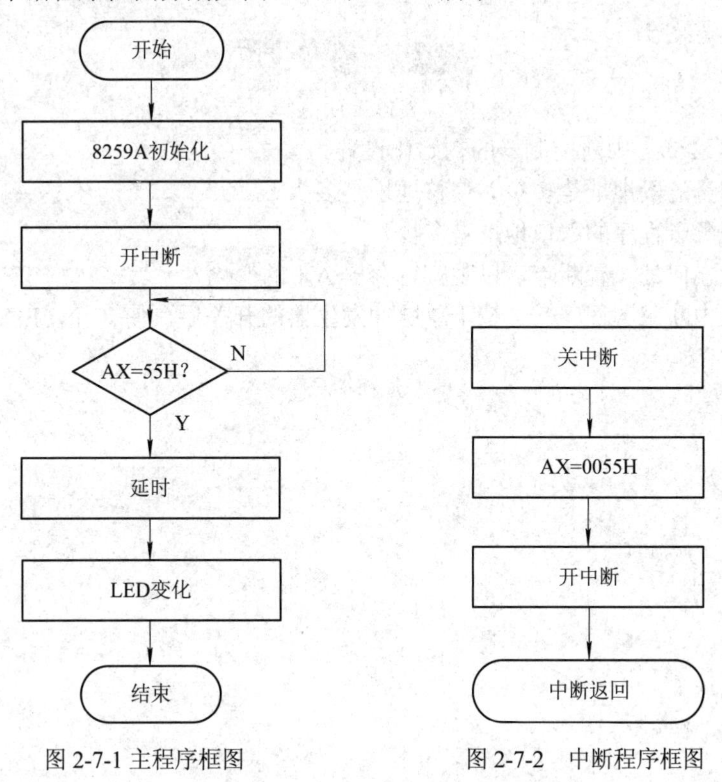

图 2-7-1 主程序框图　　　　　　图 2-7-2　中断程序框图

3. 实验提示

(1) 8259A 的使用说明可详细阅读主教材第 5 章 5.4 节的内容。

(2) 8086 的中断系统采用中断向量的方式。内存中特定位置有一个中断向量表，表内存有不同中断类型的中断向量(中断入口地址)。不同中断类型的中断向量在表内有对应的偏移地址，其计算方法是：中断类型 × 4。

(3) 中断类型由 8259A 通过数据总线送给 8086，8086 内部电路会将该类型值自动乘以 4，而后赋给指令指针，从而转向中断向量表的相应单元取得中断入口地址，之后就进入中断服务程序。

4. 实验测试和结果分析

运行实验程序，可采用设置断点方式，按下单脉冲发生器的开关，观察寄存器 AX 的值的变化；全速运行程序，观察 LED 的亮灭情况。

设置断点在发生条件之后，寄存器 AX 的值变化为 0055H。全速运行程序，LED 灯亮灭一次。

四、实验报告要求

(1) 记录实验中遇到的各种问题及解决过程、调试结果。

(2) 记录设置断点后，运行程序，中断触发后，查看寄存器的变化情况。

(3) 记录全速运行时，中断触发后，观察 LED 的变化情况，并将测试照片放到实验报告中。

思　考　题

1. 试说明 8259A 中断控制器的初始化设置。

2. 中断向量的段地址是多少？偏移地址是多少？

3. 中断服务子程序的入口地址是多少？

4. 程序应在何处设置断点，以观察寄存器 AX 的变化？

5. 试修改中断服务程序，当按下单脉冲发生器的开关后，使 8 个 LED 发光二极管依次点亮。

实验八　基于定时中断的实时控制综合实验

实验项目名称：基于定时中断的实时控制综合实验
实验项目性质：综合
所属课程名称：微处理器与接口技术
实验仪器设备：计算机、MUT-Ⅳ型实验箱、8086CPU 模块、示波器
实验计划学时：4

一、实验目的

(1) 掌握 8253 定时器/计数器的编程原理。
(2) 掌握 8253 定时器/计数器的级联方法。
(3) 掌握 8259A 中断控制器的工作原理。
(4) 掌握 8259A 中断服务程序的编写方法。
(5) 编写实时控制彩灯中断处理程序。

二、实验内容和要求

(1) 初始化 8253，将定时器/计数器 T0 工作模式设置为模式 3(方波方式)；设定定时器/计数器 T0 的分频系数，用定时器/计数器 T0 产生 10 ms 的定时信号。

(2) 将 OUT0 输出信号级联至定时器/计数器 T2(8253CLK2)，设定计数器 T2 的分频系数，产生 10 s 定时信号，将计数器 T2 工作方式设置为方式 3(方波方式)。

说明：8253 的时钟端 CLK0、CLK1 可以由 CLK3 提供时钟信号，频率为 750 kHz；8253CLK2 端断开未接，由 OUT0 或 OUT1 来控制；当设好初始值后，方波周期为：计数器的初值 = 要求定时的时间 ÷ 时钟脉冲的周期，当 T0、T1 最大的时间常数为 0FFFFH 时，最大的定时时间约为 87 ms；如要求定时时间为 2 min，则必须采用级联方式，可得方波周期为 N×0.08738 s，因此采用两级计数器级联后，输出范围可大幅度提高。

(3) 初始化 8259A，设定中断类型为 80H，中断向量为 200H，由 8253 定时器/计数器 OUT2 作输出，向 8259A 申请中断(IR0)；

(4) 定时器/计数器 T0、T2 开始定时 10 s 后，进入中断服务子程序，实现指示灯移位。

(5) 中断服务子程序以实现实时控制发光二极管程序，每 1 s 点亮一个发光二极管，依次点亮 8 个发光二极管。

三、实验步骤

1. 实验方法

(1) 将 8259A 的片选信号 CS8259 与 CS2(04c0h)相连；

(2) 从CS0～CS7片选信号中选一个信号CS0(04a0h)与8253的片选信号CS8253相连；将8253的输出信号OUT0接8253时钟信号8253CLK2，输出信号OUT2接8259A中断源信号IR0；可用示波器观察输出信号OUT0波形；

(3) 从CS0～CS7片选信号中选一个信号CS1(04b0h)与输出接口芯片74LS273的片选信号CS273相连，74LS273的每个输出信号分别接一个发光二极管；

(4) 中断服务子程序实现实时控制发光二极管，每1 s点亮一个发光二极管，依次点亮8个发光二极管。

2. 实验接线

实验接线为：CS2↔CS8259；CS0↔CS8253；CLK3↔8253CLK0；OUT0↔8253CLK2；OUT2↔8259IR0； CS1↔CS273； O0～O7↔LED1～LED8； INT(CPU)↔INT(8259)；INTA(CPU)↔INTA(8259)。

3. 编程调试程序

参考程序如下：

```
            Assume   cs:code
            Code     segment public
            Org      100h
Start:      Mov      dx, 04a6h          ; 8253控制端口地址
            Mov      al, 36h            ; 设置定时器/计数器0工作方式2
            Out      dx, al

            Mov      dx, 04a0h          ; 定时器/计数器0地址
            Mov      al, 4ch            ; 计数初值，定时时间为10 ms
            Out      dx, al
            Mov      al, 1dh
            Out      dx, al

            Mov      dx, 04a6h
            Mov      al, 0b6h           ; 设置定时器/计数器2工作方式
            Out      dx, al

            Mov      dx, 04a4h          ; 定时器/计数器2地址
            Mov      al, 0e8h           ; 设初值，定时时间为10 s
            Out      dx, al
            Mov      al, 03h
            Out      dx, al

            Nop
            Nop
Start1:     Mov      dx, 04c0h          ; 初始化8259A
```

```
          Mov   al, 13h
          Out   dx, al                  ; 初始化 ICW1 值

          Mov   dx, 04c2h
          Mov   al, 80h
          Out   dx, al                  ; 初始化 ICW2，将中断类型设置为 80H

          Mov   al, 03h
          Out   dx, al                  ; 初始化 ICW4 值
          Mov   ax, 0h
          Out   dx, ax                  ; 设置中断允许

          Mov   ax, 0
          Mov   ds, ax
          Mov   si, 200h                ; 设置中断偏移地址
          Mov   ax, offset hint
          Mov   ds:[si], ax
          Add   si, 2
          Mov   ds:[si], 0100h
          Mov   ax, 0
          Sti
Waiting:  Cmp   ax, 55h
          Jne   Waiting
          Nop
          Jmp   Start

   Hint:  Mov   ax, 55h                 ; 中断服务子程序
 Start2:  Mov   dx, 04b0h
          Mov   ax, 0feh                ; 第一盏灯
          Out   dx, ax
          Call  Delay1s                 ; 调用延时程序，延时 1 s

          Mov   ax, 0fdh                ; 第二盏灯
          Out   dx, ax
          Call  Delay1s

          Mov   ax, 0fbh                ; 第三盏灯
          Out   dx, ax
          Call  Delay1s
```

```
            Mov    ax, 0f7h         ; 第四盏灯
            Out    dx, ax
            Call   Delay1s

            Mov    ax, 0efh         ; 第五盏灯
            Out    dx, ax
            Call   Delay1s

            Mov    ax, 0dfh         ; 第六盏灯
            Out    dx, ax
            Call   Delay1s
            Mov    ax, 0bfh         ; 第七盏灯
            Out    dx, ax
            Call   Delay1s

            Mov    ax, 07fh         ; 第八盏灯
            Out    dx, ax
            Call   Delay1s

            Jmp    Start2           ; 去掉此句，则 LED 循环显示一次即返回

Delay1s:    Pushf                   ; 延时子程序
            Mov    bx, 0e8h
     Lp2:   Mov    cx, 118h
     Lp1:   Pushf
            Popf
            Loop   Lp1
            Dec    bx
            Jnz    Lp2
            Popf
            Ret
            Nop

            Cli
            Iret
            Code ends
            End        Start
```

实验主程序框图如图 2-8-1 所示。

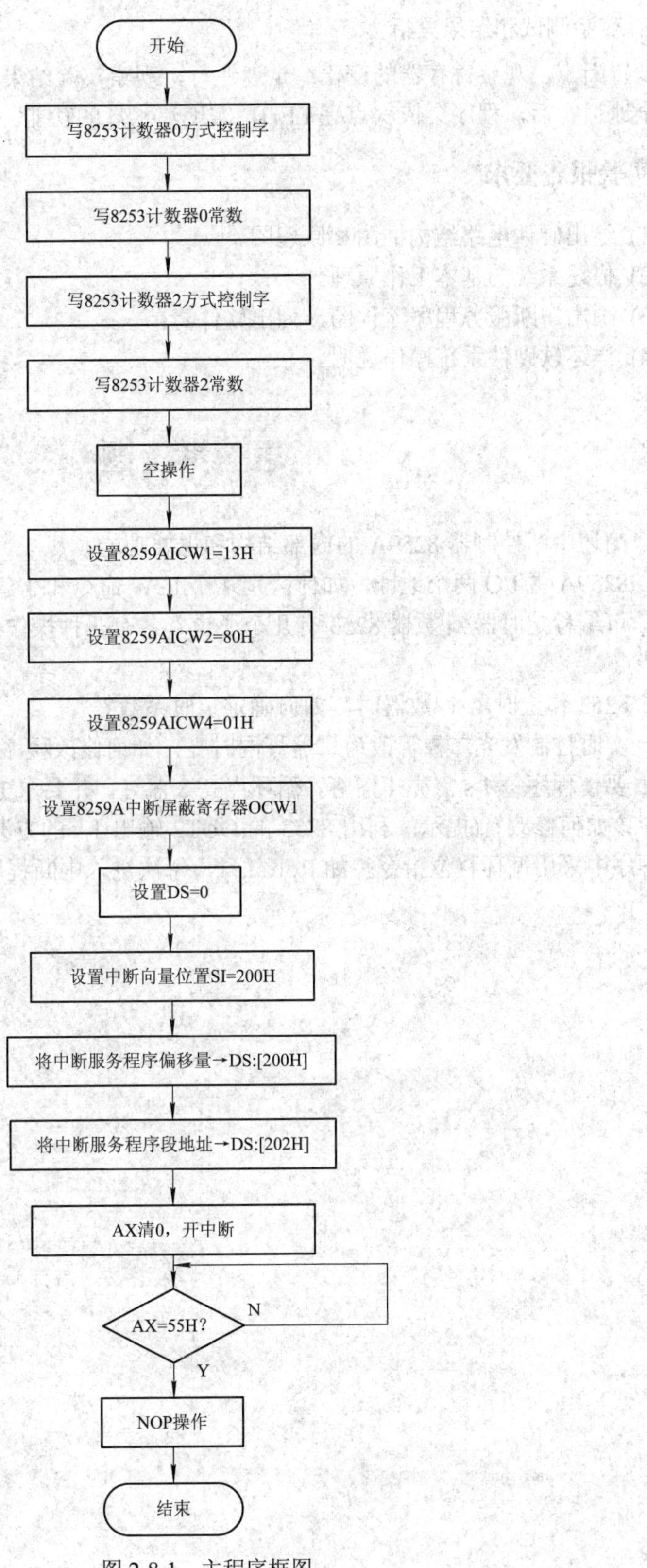
开始
写8253计数器0方式控制字
写8253计数器0常数
写8253计数器2方式控制字
写8253计数器2常数
空操作
设置8259AICW1=13H
设置8259AICW2=80H
设置8259AICW4=01H
设置8259A中断屏蔽寄存器OCW1
设置DS=0
设置中断向量位置SI=200H
将中断服务程序偏移量→DS:[200H]
将中断服务程序段地址→DS:[202H]
AX清0，开中断
AX=55H？
N
Y
NOP操作
结束

图 2-8-1　主程序框图

4. 实验测试和结果分析

设置断点，观察寄存器的变化；全速运行，观察实验结果。

全速运行后，程序会依次点亮 LED，实现流水灯的功能。

四、实验报告要求

(1) 绘出硬件电路结构框图和原理图。

(2) 描述系统的基本工作原理。

(3) 画出中断服务程序流程图，列出软件清单。

(4) 详述软硬件系统操作说明。

思 考 题

1. 简述中断控制器 8259A 的内部结构和主要功能。

2. 8259A 占 I/O 两个地址，如何区别 4 个 ICW 命令和 3 条 OCW 命令？

3. 可编程定时器/计数器 8253 有几个通道？各有几种操作方式？简述这些操作方式的主要特点。

4. 8253 作定时器/计数器时，如何确定定时系数？

5. 实时控制发光二极管改为二盏灯同时亮，如何修改程序？

6. 要使程序每 1 s 点亮 1 盏灯，循环点亮 8 盏灯，并要求 1s 的定时时间由 8253 产生，程序应该如何修改？(提示：利用 8253 的 OUT2 输出 1 s 的方波，向 8259A 申请中断，在中断程序中采用循环移位指令，如 Rol al, 1，每次进入中断程序，al 移位一次，并输出到 LED。)

第三篇　单片机实验

本篇实验和第二篇一样，也是基于北京精仪达盛科技有限公司开发的单片机/微机实验系统 EL-MUT-Ⅳ。本篇使用了 8051 单片机模块作为核心模块。

本篇包含了单片机并口、中断、定时器/计数器、串行口、简单 I/O 口扩展、扩展 8255 接口、D/A、A/D、数码显示、LCD 显示等基本的单片机常用实验，部分实验综合性较强，如实验五的有急救车的交通灯控制实验，实验八的电子钟实验，实验十的串行口双机通信实验等。

考虑到单片机的 C 语言已经成为单片机程序设计的主要语言，本篇实验中的参考程序大部分同时提供了汇编和 C 语言两个版本。

通过本篇实验内容，可以帮助读者快速掌握单片机的常用应用，也可以作为进一步开发单片机实用系统的参考资料。

本篇实验中用到的 EL-MUT-Ⅳ平台专用的单片机开发环境使用方法可参考附录三。单片机的相关硬件资源可参考附录一。

单片机技术已经广泛应用于电器、电子技术的方方面面，通过实验学生能掌握相关的开发技能，将来可用于设计制造造福社会的产品，同时学生在学习过程中也应培养职业道德，尊重职业操守。

实验一　P1 口实验(一)

实验项目名称：P1 口实验(一)
实验项目性质：普通
所属课程名称：微处理器与接口技术
实验仪器设备：计算机、MUT-Ⅳ型实验箱、8051 单片机模块
实验计划学时：2

一、实验目的

(1) 学习 P1 口的使用方法。
(2) 学习延时子程序的编写和使用。

二、实验内容和要求

(1) P1 口作输出口，接 8 个发光二极管，编写程序，使发光二极管循环点亮。

(2) P1 口作输入口，接 8 个按钮开关，以实验箱上 74LS273 作输出口，编写程序读取开关状态，在发光二极管上显示出来。

三、实验方法、步骤和测试

1. 实验方法

P1 口为准双向口，P1 口的每一位都能独立地定义为输入脚或输出脚。作输入时，必须向锁存器相应位写入“1”，该位才能作为输入。8051 中所有口锁存器在复位时均置为“1”，如果后来在口锁存器写过“0”，在需要时应写入一个“1”，使它成为一个输入口。可以用第二个实验做验证。先按要求编好程序并调试成功后，可将 P1 口锁存器中置“0”，此时将 P1 作输入口，然后查看结果。

延时程序的实现通常有两种方法：一是用定时器/计数器中断来实现；二是用指令循环来实现。在系统时间允许的情况下可以采用后一种方法实现延时程序。

本实验系统晶振为 6.144 MHz，则一个机器周期为(12 ÷ 6.144)μs 即(1 ÷ 0.512)μs。现要写一个延时 0.1 s 的程序，可大致写出如下程序：

```
        MOV R7, #X              (1)
DEL1:   MOV R6, #200            (2)
DEL2:   DJNZ R6, DEL2           (3)
        DJNZ R7, DEL1           (4)
```

上面程序中的 MOV、DJNZ 指令均需两个机器周期，所以每执行一条指令需要 $(1\div 0.256)\mu s$，现求出 X 值：

$$\underbrace{\frac{1}{0.256}}_{\text{指令(1)所需时间}}+X\left(\underbrace{\frac{1}{0.256}}_{\text{指令(2)所需时间}}+200\times\underbrace{\frac{1}{0.256}}_{\text{指令(3)所需时间}}+\underbrace{\frac{1}{0.256}}_{\text{指令(4)所需时间}}\right)=0.1\times10^{6}$$

$$X=\frac{0.1\times10^{6}-\dfrac{1}{0.256}}{\dfrac{1}{0.256}+200\times\dfrac{1}{0.256}+\dfrac{1}{0.256}}=127\text{D}=7\text{FH}$$

经计算得 $X=127$。代入上式可知实际延时时间约为 0.100215 s，已经很精确了。

2. 实验接线

执行程序 1(T1_1.ASM)时：P1.0～P1.7 接发光二极管 L1～L8。

执行程序 2(T1_2.ASM)时：P1.0～P1.7 接平推开关 K1～K8；74LS273 的 O0～O7 接发光二极管 L1～L8；74LS273 的片选端 CS273 接 CS0(由程序所选择的入口地址而定，与 CS0～CS7 相应的片选地址请查看附录一，以后不赘述)。

3. 编写程序并调试

1) P1 作输出口

参考程序如下：

汇编程序(**T1_1.ASM**)：

```
NAME     T1_1                   ; P1 口输出实验
CSEG     AT      0000H
         LJMP    START
CSEG AT  4100H
START:   MOV     A, #0FEH
LOOP:    RL      A              ; 左移一位，点亮下一个发光二极管
         MOV     P1, A
         LCALL   DELAY          ; 延时 0.1 s
         JMP     LOOP
;;;;;;;;;;;;;;;;;;;;;;;;;;;;;;;;;;;;;;
DELAY:   MOV     R1, #127       ; 延时 0.1 s
DEL1:    MOV     R2, #200
DEL2:    DJNZ    R2, DEL2
         DJNZ    R1, DEL1
         RET
;;;;;;;;;;;;;;;;;;;;;;;;;;;;;;;;;;;;;;;
         END
```

C 语言程序(**T1_1.c**)：

```
#include      <reg51.h>
void delay(void)
{
      unsigned int i;
      for(i=0; i<30000; i++);
}
void main(void)
{
      unsigned char tmp=0xfe;
      while(1)
      {
            P1= tmp;
            delay();
            tmp = ((tmp<<1)|1);
            if(tmp==0xff) tmp=0xfe;
      }
}
```

程序框图如图 3-1-1 所示。

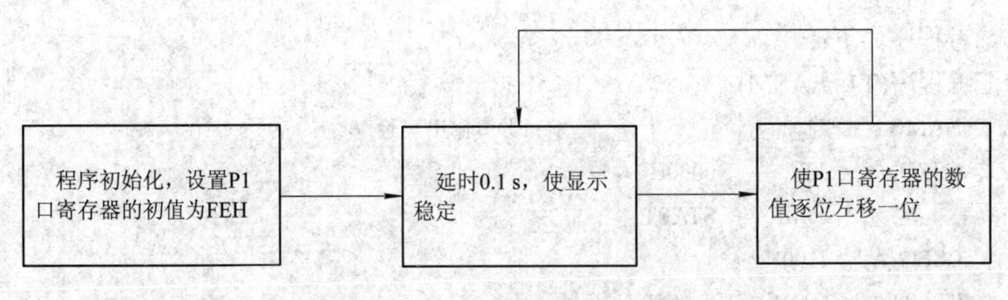

图 3-1-1　循环点亮发光二极管

2) P1 作输入口

参考程序如下：

汇编程序(T1_2.ASM)：

```
NAME          T1_2                              ; P1 口输入实验
OUT_PORT      EQU       0CFA0H
CSEG          AT        0000H
              LJMP      START
CSEG          AT        4100H
START:        MOV       P1, #0FFH               ; 复位 P1 口为输入状态
              MOV       A, P1                   ; 读 P1 口的状态值读入累加器 A
              MOV       DPTR, #OUT_PORT         ; 将输出口地址赋给地址指针 DPTR
```

```
        MOVX    @DPTR, A        ; 将累加器 A 的值赋给 DPTR 指向的地址
        JMP     START           ; 继续循环监测端口 P1 的状态
        END
```

C 语言程序(T1_2.c)：

```
#include    <reg51.h>
#include    <absacc.h>
#define     Out_port        XBYTE[0xcfa0]
void delay(void)
{
    unsigned int i;
    for(i=0; i<100; i++);
}
void main(void)
{
    while(1)
    {
        P1= 0xff;
        Out_port = P1;
        delay();
    }
}
```

程序框图如图 3-1-2 所示。

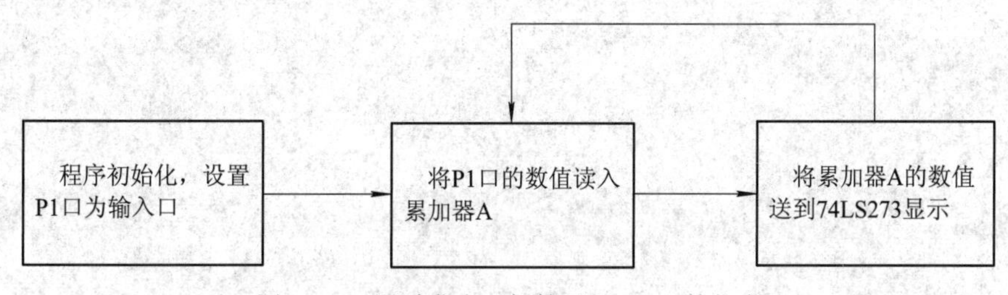

图 3-1-2　通过发光二极管显示 P1 口的状态

4. 实验测试和结果分析

分别按 P1 作输出口和输入口接好连线，并编译程序，观察 LED 变化情况。

P1 作输出口实验时，LED 依次循环点亮；P1 作输入口时，拨动开关，LED 根据开关状态显示。

四、实验报告要求

(1) 记录实验中遇到的各种问题及解决过程、调试结果。
(2) 分别绘出实验中 P1 口在作输入和输出时的硬件电路原理图。
(3) P1 口作输出口实验，记录 LED 的变化情况，并将测试照片放到实验报告中。

(4) P1 口作输入口实验，测试多组开关拨动情况时，观察 LED 的显示情况，并将测试照片放到实验报告中。

思 考 题

1. 对 P1 作输入口的实验，修改程序，将 P1 口锁存器中置“0”，观察并记录实验结果。

2. 对 P1 作输出口的实验，将延时程序修改为 1 s，观察 LED 的变化情况。

实验二　P1 口实验(二)

实验项目名称：P1 口实验(二)
实验项目性质：普通
所属课程名称：微处理器与接口技术
实验仪器设备：计算机、MUT-Ⅳ型实验箱、8051 单片机模块
实验计划学时：2

一、实验目的

(1) 学习 P1 口既作为输入又作为输出的使用方法。
(2) 学习数据输入、输出程序的设计方法。

二、实验内容和要求

本实验通过 P1 口不同位同时完成输入和输出，输入位接左、右转弯控制开关，输出位控制左、右转弯灯显示。

三、实验方法、步骤和测试

1. 实验方法

本实验使用了 P1 口的 6 位来完成，其中两位作为输入，控制两个开关：K1 作为左转弯开关，K2 作为右转弯开关；另外 4 位作为输出，控制 4 个 LED，其中，L5、L6 作为右转弯灯，L1、L2 作为左转弯灯。

2. 实验接线

平推开关的输出 K1 接 P1.0，K2 接 P1.1。
发光二极管的输入 L1 接 P1.2，L2 接 P1.3，L5 接 P1.4，L6 接 P1.5。

3. 编写程序并调试

参考程序如下：
汇编程序(**T2.ASM**)：

```
NAME    T2                          ;P1 口输入、输出实验
CSEG    AT      0000H
        LJMP    START
CSEG    AT      4100H
```

```
START:   SETB    P1.0
         SETB    P1.1           ; 用于输入时先置位口内锁存器
         MOV     A, P1
         ANL     A, #03H        ; 从 P1 口读入开关状态, 取低两位
         MOV     DPTR, #TAB     ; 转移表首地址送 DPTR
         MOVC    A, @A+DPTR
         JMP     @A+DPTR
TAB:     DB      PRG0-TAB
         DB      PRG1-TAB
         DB      PRG2-TAB
         DB      PRG3-TAB
PRG0:    MOV     P1, #0FFH      ; 向 P1 口输出#0FFH, 发光二极管全灭
                                ; 此时 K1=0, K2=0
         JMP     START
PRG1:    MOV     P1, #0F3H      ; 只点亮 L5、L6，表示左转弯
         ACALL   DELAY          ; 此时 K1=1, K2=0
         MOV     P1, #0FFH      ; 再熄灭 0.5 s
         ACALL   DELAY          ; 延时 0.5 s
         JMP     START
PRG2:    MOV     P1, #0CFH      ; 只点亮 L7、L8，表示右转弯
         ACALL   DELAY          ; 此时 K1=0, K2=1
         MOV     P1, #0FFH      ; 再熄灭 0.5 s
         ACALL   DELAY
         JMP     START
PRG3:    MOV     P1, #00H       ; 发光二极管全亮, 此时 K1=1, K2=1
         JMP     START
;;;;;;;;;;;;;;;;;;;;;;;;;;;;;;;;;;;;;;;;;;;;;;;;;;;;
DELAY:   MOV     R1, #5         ; 延时 0.5 s
DEL1:    MOV     R2, #200
DEL2:    MOV     R3, #126
DEL3:    DJNZ    R3, DEL3
         DJNZ    R2, DEL2
         DJNZ    R1, DEL1
         RET
;;;;;;;;;;;;;;;;;;;;;;;;;;;;;;;;;;;;;;;;;;;;;;;;;;;;
         END
```

C 语言程序(**T2.c**):

```
#include      <reg51.h>
void delay(void)
{
    unsigned int i;
    for(i=0; i<100; i++);
}
void main(void)
{
    unsigned char num, i=0;
    while(1)
    {
        P1 = 0xff;
        num = P1&3;
        switch (num)
        {
            case 0:
                P1 = 0xff;
                break;
            case 1:
                if(i<100) P1 = 0xf3;
                else P1 = 0xff;
                break;
            case 2:
                if(i<100) P1 = 0xcf;
                else P1 = 0xff;
                break;
            case 3:
                P1 = 0;
                break;
        }
        delay();
        i++;
        if(i>200)   i = 0;
    }
}
```

程序框图如图 3-2-1 所示。

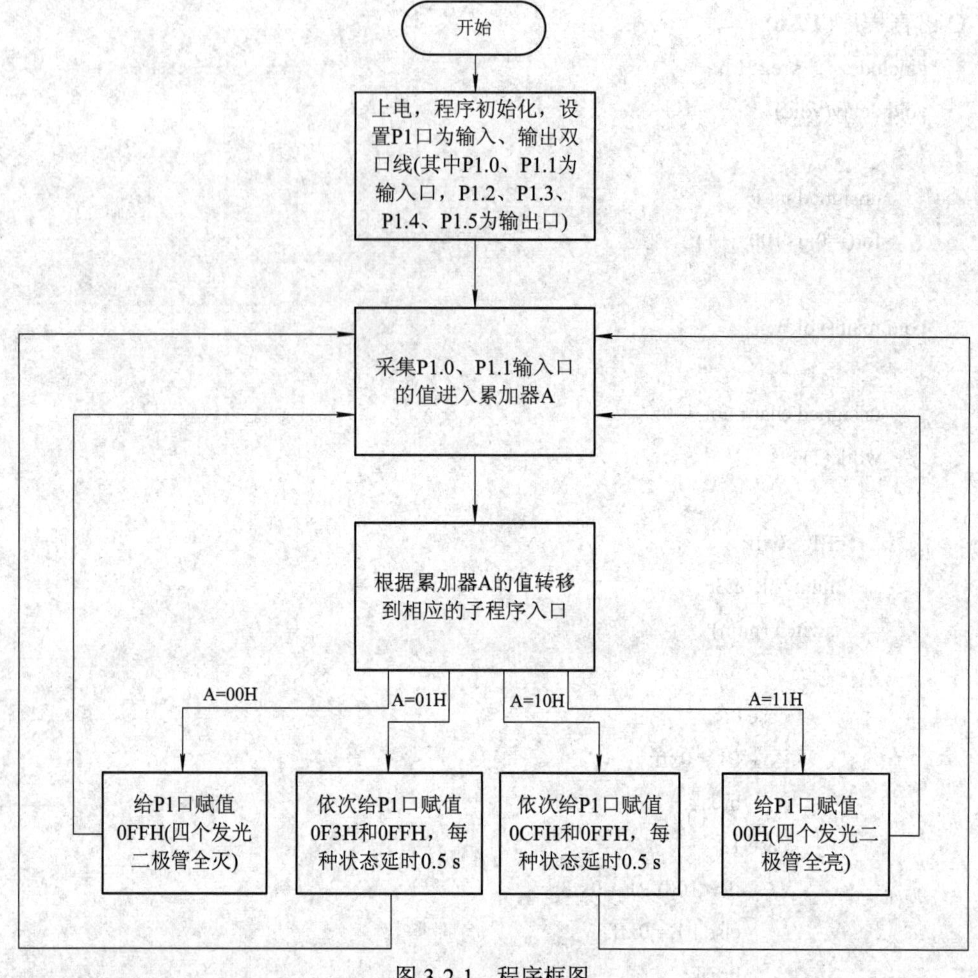

图 3-2-1　程序框图

4. 实验测试和结果分析

运行实验程序，结果显示如下：

(1) K1 接高电平 K2 接低电平时，右转弯灯(L5、L6)灭，左转弯灯(L1、L2)以一定频率闪烁；

(2) K2 接高电平 K1 接低电平时，左转弯灯(L1、L2)灭，右转弯灯(L5、L6)以一定频率闪烁；

(3) K1、K2 同时接低电平时，发光二极管全灭；

(4) K1、K2 同时接高电平时，发光二极管全亮。

四、实验报告要求

(1) 记录实验中遇到的各种问题及解决过程、调试结果。

(2) 绘出实验的硬件电路原理图。

(3) 对 K1 和 K2 开关的不同状态，记录 LED 的变化情况，并将测试照片放到实验报告中。

思　考　题

1. 修改电路连接和程序，增加直行灯的控制功能，可以用 P1.6 作为输入开关，P1.7 接 LED 显示。

2. 修改电路连接和程序，使转弯灯的变化由开关控制改为时钟控制，自动切换，左、右转弯灯的切换时间为延时 10 s。

实验三　简单 I/O 口扩展实验(一)——交通灯控制实验

实验项目名称：简单 I/O 口扩展实验(一)——交通灯控制实验
实验项目性质：普通
所属课程名称：微处理器与接口技术
实验仪器设备：计算机、MUT-Ⅳ型实验箱、8051 单片机模块
实验计划学时：2

一、实验目的

(1) 学习在单片机系统中扩展简单 I/O 接口的方法。
(2) 学习数据输出程序的设计方法。
(3) 学习模拟交通灯控制的实现方法。

二、实验内容和要求

扩展实验箱上的 74LS273 作为输出口，控制 8 个发光二极管的亮和灭，模拟交通灯管理。

三、实验方法、步骤和测试

1. 实验方法

要完成本实验，首先必须了解交通路灯的亮灭规律。本实验需要用到实验箱上 8 个发光二极管中的 6 个，即红、黄、绿各两个。不妨将 L1(红)、L2(绿)、L3(黄)作为东西方向的指示灯，将 L5(红)、L6(绿)、L7(黄)作为南北方向的指示灯。而交通灯的亮灭规律为：初始态是两个路口的红灯全亮，之后，东西路口的绿灯亮，南北路口的红灯亮，东西方向通车，延时一段时间后，东西路口绿灯灭，黄灯开始闪烁。闪烁若干次后，东西路口红灯亮，而同时南北路口的绿灯亮，南北方向开始通车，延时一段时间后，南北路口的绿灯灭，黄灯开始闪烁。闪烁若干次后，再切换到东西路口方向，重复上述过程。各发光二极管的阳极通过保护电阻接到 +5 V 的电源上，阴极接到输入端上，因此使其点亮应使相应输入端为低电平。

2. 实验接线

74LS273 的输出 O0～O7 接发光二极管 L1～L8，74LS273 的片选 CS273 接片选信号 CS0，此时 74LS273 的片选地址为 CFA0H～CFA7H 之间任选。

3. 编写程序并调试

参考程序如下：

汇编程序(**T3.ASM**)：

```
NAME    T3                  ；I/O 口扩展实验一
PORT    EQU     0CFA0H      ；片选地址 CS0
CSEG    AT      0000H
        LJMP    START
CSEG    AT      4100H
START:  MOV     A, #11H     ；两个红灯亮，黄灯、绿灯灭
        ACALL   DISP        ；调用 273 显示单元(以下同)
        ACALL   DE3S        ；延时 3 s
LLL:    MOV     A, #12H     ；东西路口绿灯亮，南北路口红灯亮
        ACALL   DISP
        ACALL   DE10S       ；延时 10 s
        MOV     A, #10H     ；东西路口绿灯灭，南北路口红灯亮
        ACALL   DISP
        MOV     R2, #05H    ；R2 中的值为黄灯闪烁次数
TTT:    MOV     A, #14H     ；东西路口黄灯亮，南北路口红灯亮
        ACALL   DISP
        ACALL   DE02S       ；延时 0.2 s
        MOV     A, #10H     ；东西路口黄灯灭，南北路口红灯亮
        ACALL   DISP
        ACALL   DE02S       ；延时 0.2 s
        DJNZ    R2, TTT     ；返回 TTT，使东西路口黄灯闪烁 5 次
        MOV     A, #11H     ；两方向红灯亮，黄灯、绿灯灭
        ACALL   DISP
        ACALL   DE02S       ；延时 0.2 s
        MOV     A, #21H     ；东西路口红灯亮，南北路口绿灯亮
        ACALL   DISP
        ACALL   DE10S       ；延时 10 s
        MOV     A, #01H     ；东西路口红灯亮，南北路口绿灯灭
        ACALL   DISP
        MOV     R2, #05H    ；R2 中的值为黄灯闪烁次数
GGG:    MOV     A, #41H     ；东西路口红灯亮，南北路口黄灯亮
        ACALL   DISP
        ACALL   DE02S       ；延时 0.2 s
        MOV     A, #01H     ；东西路口红灯亮，南北路口黄灯灭
```

```
        ACALL   DISP
        ACALL   DE02S          ; 延时 0.2 s
        DJNZ    R2, GGG        ; 返回 GGG，使南北路口黄灯闪烁 5 次
        MOV     A, #03H        ; 两方向红灯亮，黄灯、绿灯灭
        ACALL   DISP
        ACALL   DE02S          ; 延时 0.2 s
        JMP     LLL            ; 转 LLL 循环
DE10S:  MOV     R5, #100       ; 延时 10 s
        JMP     DE1
DE3S:   MOV     R5, #30        ; 延时 3 s
        JMP     DE1
DE02S:  MOV     R5, #02        ; 延时 0.2 s
DE1:    MOV     R6, #200
DE2:    MOV     R7, #126
DE3:    DJNZ    R7, DE3
        DJNZ    R6, DE2
        DJNZ    R5, DE1
        RET
DISP:   MOV     DPTR, #PORT    ; 273 显示单元
        CPL     A
        MOVX    @DPTR, A
        RET
        END
```

C 语言程序(**T3.c**)：

```
#include    <reg51.h>
#include    <absacc.h>
#define     Out_port        XBYTE[0xcfa0]
void delay(unsigned int time)
{
    char i;
    for(; time>0; time--)
    for(i=0; i<5; i++);
}
void led_out(unsigned char dat)
{
    Out_port = ～dat;
}
```

```
void main(void)
{
    char i=0;
    led_out(0x11);
    delay(30000);
    while(1)
    {
        led_out(0x12);
        delay(30000);
        while(i<5)
        {
            led_out(0x10);
            delay(1000);
            led_out(0x14);
            delay(1000);
            i++;
        }
        led_out(0x11);
        delay(1000);
        led_out(0x21);
        delay(30000);
        i=0;
        while(i<5)
        {
            led_out(0x01);
            delay(1000);
            led_out(0x41);
            delay(1000);
            i++;
        }
        /*led_out(0x03);
        delay(1000); */
    }
}
```

程序框图如图 3-3-1 所示。

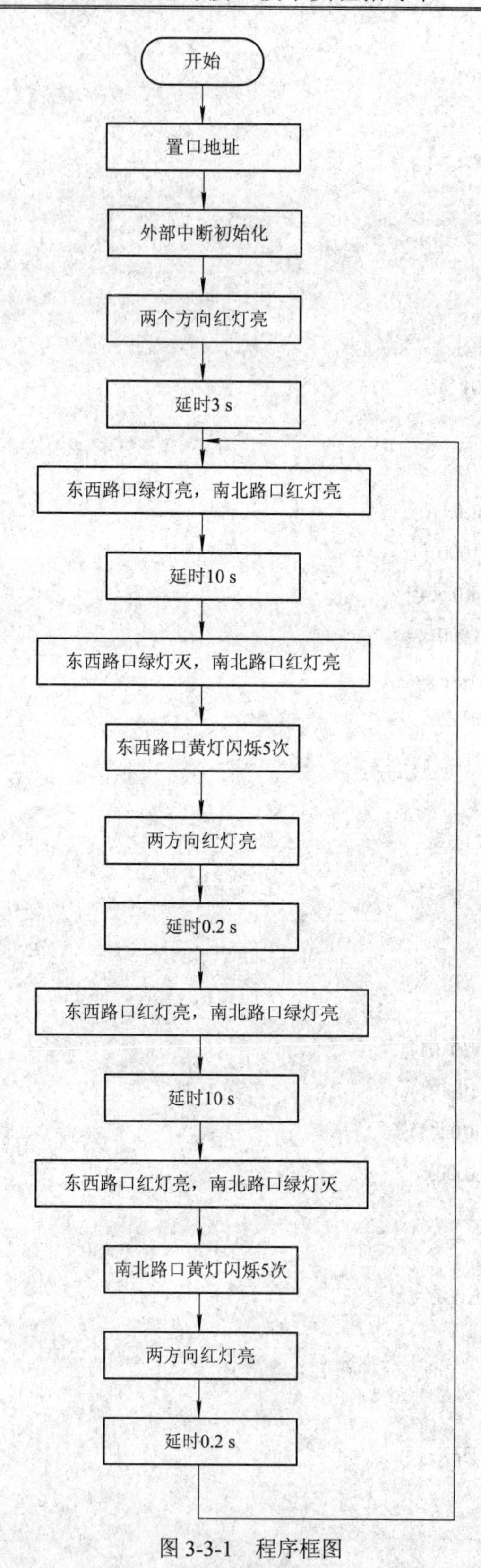
开始
置口地址
外部中断初始化
两个方向红灯亮
延时3 s
东西路口绿灯亮，南北路口红灯亮
延时10 s
东西路口绿灯灭，南北路口红灯亮
东西路口黄灯闪烁5次
两方向红灯亮
延时0.2 s
东西路口红灯亮，南北路口绿灯亮
延时10 s
东西路口红灯亮，南北路口绿灯灭
南北路口黄灯闪烁5次
两方向红灯亮
延时0.2 s

图 3-3-1　程序框图

4. 实验测试和结果分析

运行实验程序，观察 LED 显示情况是否与实验内容相符。

四、实验报告要求

(1) 记录实验中遇到的各种问题及解决过程、调试结果。

(2) 绘出实验的硬件电路原理图。

(3) 记录 LED 的变化情况，并将测试照片放到实验报告中。

思　考　题

增加四个方向的黄灯闪烁模式，通过 P1 口的位线接按键，通过不同按键控制系统在正常模式和黄灯闪烁模式之间切换，修改电路连接和程序，实现上述功能。

实验四　简单 I/O 口扩展实验(二)

实验项目名称：简单 I/O 口扩展实验(二)
实验项目性质：普通
所属课程名称：微处理器与接口技术
实验仪器设备：计算机、MUT-Ⅳ型实验箱、8051 单片机模块
实验计划学时：2

一、实验目的

(1) 学习在单片机系统中扩展简单 I/O 口的方法。
(2) 学习数据输入、输出程序的编制方法。

二、实验内容和要求

利用 74LS244 作为输入口，读取开关状态，并将此状态通过发光二极管显示出来。

三、实验方法、步骤和测试

1. 实验方法

MCS-51 外部扩展空间很大，但数据总线口和控制信号线的负载能力是有限的。若需要扩展的芯片较多，则 MCS-51 总线口的负载过重，74LS244 是一个扩展输入口，同时也是一个单向驱动器，以减轻总线口的负担。

程序中加了一段延时程序，以减少总线口读写的频繁程度，延时时间约为 0.01 s，不会影响显示的稳定。

2. 实验接线

(1) 74LS244 的 IN0～IN7 接开关的 K1～K8，片选信号 CS244 接 CS1。
(2) 74LS273 的 O0～O7 接发光二极管的 L1～L8，片选信号 CS273 接 CS2。

3. 编写程序、全速执行

参考程序如下：

汇编程序(**T4.ASM**)：

```
NAME     T4                      ; I/O 口扩展实验
CSEG     AT      0000H
         LJMP    START
CSEG     AT      4100H
INPORT   EQU     0CFA8H          ; 74LS244 端口地址
OUTPORT  EQU     0CFB0H          ; 74LS273 端口地址
```

```
START:   MOV    DPTR, #INPORT
LOOP:    MOVX   A, @DPTR       ; 读开关状态
         MOV    DPTR, #OUTPORT
         MOVX   @DPTR, A       ; 显示开关状态
         MOV    R7, #10H       ; 延时
DEL0:    MOV    R6, #0FFH
DEL1:    DJNZ   R6, DEL1
         DJNZ   R7, DEL0
         JMP    START
         END
```

C 语言程序(**T4.c**)：

```
#include    <reg51.h>
#include    <absacc.h>
#define     Out_port        XBYTE[0xcfa0]
#define     In_port         XBYTE[0xcfa8]
void delay(unsigned int time)
{
   for(; time>0; time--);
}
void main(void)
{
    while(1)
    {
      Out_port = In_port;
       delay(10);
    }
}
```

程序框图如图 3-4-1 所示。

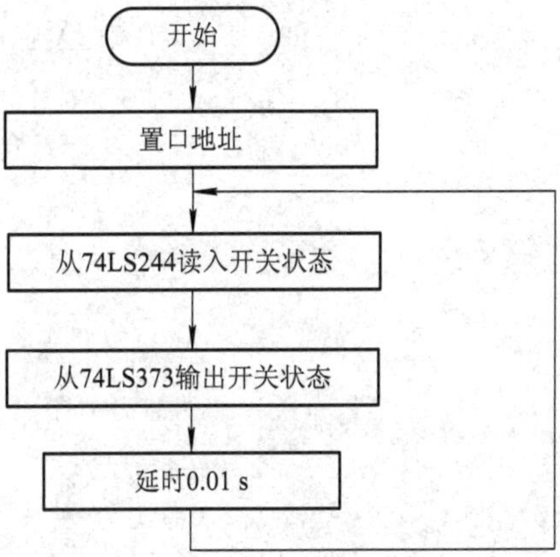

开始
置口地址
从74LS244读入开关状态
从74LS373输出开关状态
延时0.01 s

图 3-4-1 程序框图

4. 实验测试和结果分析

拨动开关 K1～K8，观察发光二极管状态的变化。

四、实验报告要求

(1) 记录实验中遇到的各种问题及解决过程、调试结果。

(2) 绘出实验的硬件电路原理图。

(3) 记录 LED 的变化情况，并将测试照片放到实验报告中。

思　考　题

1. 实验程序中如果去掉延时，程序是否能正常运行，若不能正常运行，会有什么现象?

2. 尝试修改实验中延时的时间，观察实验现象。

实验五　中断实验——有急救车的交通灯控制实验

实验项目名称：中断实验——有急救车的交通灯控制实验
实验项目性质：综合
所属课程名称：微处理器与接口技术
实验仪器设备：计算机、MUT-Ⅳ型实验箱、8051单片机模块
实验计划学时：4

一、实验目的

(1) 学习外部中断技术的基本使用方法。
(2) 学习中断处理程序的编程方法。

二、实验内容和要求

在实验三的内容的基础上增加允许急救车优先通过的要求。当有急救车到达时，两个方向上的红灯亮，以便让急救车通过，假定急救车通过路口的时间为10 s，急救车通过后，交通灯恢复中断前的状态。本实验以单脉冲为中断申请，表示有急救车通过。

三、实验方法、步骤和测试

1. 实验方法

交通灯的燃灭规律见实验三。

本实验中断处理程序的应用，最主要的地方是如何保护进入中断前的状态，使得中断程序执行完毕后能回到交通灯中断前的状态。要保护的地方，除了累加器 ACC、标志寄存器 PSW 外，还要注意：第一，主程序中的延时程序和中断处理程序中的延时程序不能混用，本实验给出的程序中，主程序延时用的是R5、R6、R7，中断延时用的是R3、R4和新的R5。第二，主程序中每执行一步经74LS273的端口输出数据的操作时，应先将所输出的数据保存到一个单元中。因为进入中断程序后也要执行往74LS273端口输出数据的操作，中断返回时如果没有恢复中断前74LS273端口锁存器的数据，则显示往往出错，回不到中断前的状态。第三，主程序中往端口输出数据操作要先保存再输出。例如，有如下操作：

```
MOV   A, #0F0H      (0)
MOVX @R1, A         (1)
MOV   SAVE, A       (2)
```

程序如果正好执行到(1)时发生中断，则转入中断程序，假设中断程序返回主程序前需

要执行一句“MOV　A，SAVE”指令，由于主程序中没有执行(2)，故 SAVE 中的内容实际上是前一次放入的而不是(0)语句中给出的 0F0H，显示出错，将(1)、(2)两句顺序颠倒一下则没有问题。发生中断时两方向的红灯一起亮 10 s，然后返回中断前的状态。

2. 实验接线

实验接线为 74LS273 的输出 O0～O7 接发光二极管 L1～L8，74LS273 的片选 CS273 接片选信号 CS2，此时 74LS273 的片选地址为 CFB0H～CFB7H 之间任意一个。单脉冲输出端 P-接 CPU 板上的 INT0。

3. 编写程序并调试

参考程序如下所示：

汇编程序(**T5.ASM**)：

```
        NAME     T5                       ；中断控制实验
        OUTPORT  EQU     0CFB0H           ；端口地址
        SAVE     EQU     55H              ；保存从端口 CFA0 输出的数据
        CSEG     AT      0000H
                 LJMP    START
        CSEG     AT      4003H
                 LJMP    INT
        CSEG     AT      4100H
        START:   SETB    IT0
                 SETB    EX0
                 SETB    EA
                 MOV     A, #11H          ；置首显示码，两方向红灯亮
                 MOV     SAVE, A          ；保存
                 ACALL   DISP             ；显示输出
                 ACALL   DE3S             ；延时 3 s
        LLL:     MOV     A, #12H          ；东西路口绿灯亮，南北路口红灯亮
                 MOV     SAVE, A
                 ACALL   DISP
                 ACALL   DE10S            ；延时 10 s
                 MOV     A, #10H          ；东西路口绿灯灭
                 MOV     SAVE, A
                 ACALL   DISP
                 MOV     R2, #05H         ；东西路口黄灯闪烁 5 次
        TTT:     MOV     A, #14H
                 MOV     SAVE, A
                 ACALL   DISP
                 ACALL   DE02S
                 MOV     A, #10H
```

```
        MOV     SAVE, A
        ACALL   DISP
        ACALL   DE02S
        DJNZ    R2, TTT
        MOV     A, #11H         ; 两个方向红灯亮
        MOV     SAVE, A
        ACALL   DISP
        ACALL   DE02S           ; 延时 0.2 s
        MOV     A, #21H         ; 东西路口红灯亮，南北路口绿灯亮
        MOV     SAVE, A
        ACALL   DISP
        ACALL   DE10S           ; 延时 10 s
        MOV     A, #01H         ; 南北路口绿灯灭
        MOV     SAVE, A
        ACALL   DISP
        MOV     R2, #05H        ; 南北路口黄灯闪烁 5 次
GGG:    MOV     A, #41H
        MOV     SAVE, A
        ACALL   DISP
        ACALL   DE02S
        MOV     A, #01H
        MOV     SAVE, A
        ACALL   DISP
        ACALL   DE02S
        DJNZ    R2, GGG
        MOV     A, #11H         ; 两个方向红灯亮
        MOV     SAVE, A
        ACALL   DISP
        ACALL   DE02S           ; 延时 0.2 s
        JMP     LLL             ; 转 LLL 循环
DE10S:  MOV     R5, #100        ; 延时 10 s
        JMP     DE1
DE3S:   MOV     R5, #30         ; 延时 3 s
        JMP     DE1
DE02S:  MOV     R5, #02         ; 延时 0.2 s
DE1:    MOV     R6, #200
DE2:    MOV     R7, #126
DE3:    DJNZ    R7, DE3
        DJNZ    R6, DE2
```

```
            DJNZ    R5, DE1
            RET
INT:        CLR     EA
            PUSH    ACC                 ; 中断处理
            PUSH    PSW
            MOV     A, R5
            PUSH    ACC
            MOV     A, #11H             ; 红灯全亮，绿、黄灯全灭
            ACALL   DISP
DEL10S:     MOV     R3, #100            ; 延时 10 s
DEL1:       MOV     R2, #200
DEL2:       MOV     R5, #126
DEL3:       DJNZ    R5, DEL3
            DJNZ    R4, DEL2
            DJNZ    R3, DEL1
            MOV     A, SAVE             ; 取 SAVE 中保存数据输出到 CFA0 端口
            ACALL   DISP
            POP     ACC                 ; 出栈
            MOV     R5, A
            POP     PSW
            POP     ACC
            SETB    EA                  ; 允许外部中断
            RETI
DISP:       MOV     DPTR, #OUTPORT
            CPL     A
            MOVX    @DPTR, A
            RET
            END
```

C 语言程序(**T5.c**)：

```
#include    <reg51.h>
#include    <absacc.h>
#define     Out_port        XBYTE[0xcfb0]
void delay(unsigned int time)
{
    char i;
    for(; time>0; time--)
    for(i=0; i<5; i++);
}
```

```
void led_out(unsigned char dat)
{
    Out_port = ～dat;
}
void urgent(void) interrupt 0
{
    EA = 0;
    led_out(0x11);
    delay(30000);
    EA = 1;
}
void main(void)
{
    char i=0;
    IT0 = 1;
    EX0 = 1;
    EA = 1;
    led_out(0x11);
    delay(30000);
    while(1)
    {
        led_out(0x12);
        delay(30000);
        while(i<5)
        {
            led_out(0x10);
            delay(1000);
            led_out(0x14);
            delay(1000);
            i++;
        }
        led_out(0x11);
        delay(1000);
        led_out(0x21);
        delay(30000);
        i=0;
        while(i<5)
        {
             led_out(0x01);
```

```
            delay(1000);
            led_out(0x41);
            delay(1000);
            i++;
        }
        led_out(0x03);
        delay(1000);
    }
}
```

主程序的程序框图与图 3-3-1 相同，中断程序图如图 3-5-1 所示。

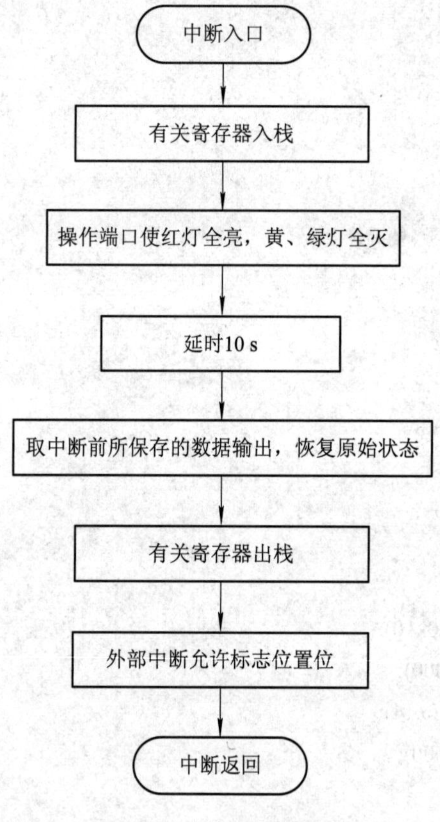

图 3-5-1　中断程序框图

4. 实验测试和结果分析

全速运行程序，观察 LED 显示情况，按下脉冲输入按钮，产生中断后，观察 LED 的变化情况。

四、实验报告要求

(1) 记录实验中遇到的各种问题及解决过程、调试结果。

(2) 绘出硬件电路的结构框图和电路原理图。

(3) 记录全速运行时 LED 的变化情况，并将测试照片放到实验报告中。

(4) 记录中断后 LED 的变化情况，并将测试照片放到实验报告中。

思　考　题

将实验中通过中断方式切换模式改为通过 P1 口位线接按键来切换模式，修改电路连接和程序，实现上述功能。

实验六　定时器/计数器实验——循环彩灯实验

实验项目名称：定时器/计数器实验——循环彩灯实验
实验项目性质：普通
所属课程名称：微处理器与接口技术
实验仪器设备：计算机、MUT-Ⅳ型实验箱、8051 单片机模块
实验计划学时：2

一、实验目的

(1) 学习 8051 内部定时器/计数器的使用和编程方法。
(2) 进一步掌握中断处理程序的编写方法。

二、实验内容和要求

由 8031 内部定时器/计数器 1 按方式 1 工作，即作为 16 位定时器/计数器使用，每 0.1 sT1 溢出中断一次。P1 口的 P1.0～P1.7 分别接发光二极管的 L1～L8。要求编写程序模拟循环彩灯。彩灯变换花样可自行设计。

参考例程给出的变换花样为：

(1) L1、L2…L8 依次点亮；
(2) L1、L2…L8 依次熄灭；
(3) L1、L2…L8 全亮、全灭。

各时序间隔为 0.5 s，让发光二极管按以上规律循环并显示。

三、实验方法、步骤和测试

1. 实验方法

(1) 定时常数的确定。

定时器/计数器的输入脉冲周期与机器周期一样，为振荡频率的 1/12。本实验中时钟频率为 6.0 MHz，现要采用中断方法来实现 0.5 s 延时，要在定时器/计数器 1 中设置一个时间常数，使其每隔 0.1 s 产生一次中断，CPU 响应中断后将 R0 中计数值减 1，令 R0=05H，即可实现 0.5 s 延时。时间常数可按下述方法确定：

$$机器周期 = 12 \div 晶振频率 = 12 \div (6 \times 10^{6}) = 2\ \mu s$$

设计数初值为 X，则$(2e+16-X)\times 2\times 10^{-6}=0.1$，可求得 X=15535，化为十六进制则 X=3CAFH，故初始值为 TH1=3CH，TL1=AFH。

(2) 初始化程序。

初始化程序包括定时器/计数器初始化和中断系统初始化，主要是对 IP、IE、TCON、

TMOD 的相应位进行正确的设置，并将时间常数送入定时器/计数器中。由于只有定时器/计数器中断，所以 IP 便不必设置。

(3) 设计中断服务程序和主程序。

中断服务程序除了要完成计数减 1 工作外，还要将时间常数重新送入定时器/计数器中，为下一次中断做准备。主程序则用来控制发光二极管按要求的顺序燃灭。

2. 实验接线

实验接线 P1.0～P1.7 分别接发光二极管 L1～L8 即可。

3. 编写程序并调试

参考程序如下：

汇编程序(**T6.ASM**)：

```
          NAME      T6                      ; 定时器/计数器实验
          OUTPORT EQU     0CFB0H
          CSEG      AT        0000H
          JMP       START
          CSEG      AT        401BH         ; 定时器/计数器 1 中断程序入口地址
          LJMP      INT
          CSEG      AT        4100H
START:    MOV       A, #01H                 ; 首显示码
          MOV       R1, #03H                ; 03 是偏移量，即从基址寄存器到表首的距离
          MOV       R0, #5H                 ; 05 是计数值
          MOV       TMOD, #10H              ; 定时器/计数器置为方式 1
          MOV       TL1, #0AFH              ; 装入时间常数
          MOV       TH1, #03CH
          ORL       IE, #88H                ; CPU 中断开放标志位和定时器/计数器 1
                                            ; 溢出中断允许位均置位
          SETB      TR1                     ; 开始计数
LOOP1:    CJNE      R0, #00, DISP
          MOV       R0, #5H                 ; R0 计数计完一个周期，重置初值
          INC       R1                      ; 表地址偏移量加 1
          CJNE      R1, #26H, LOOP2
          MOV       R1, #03H                ; 如到表尾，则重置偏移量初值
LOOP2:    MOV       A, R1                   ; 从表中取显示码入累加器
          MOVC      A, @A+PC
          JMP       DISP
          DB        01H, 03H, 07H, 0FH, 1FH, 3FH, 7FH, 0FFH, 0FEH, 0FCH
          DB        0F8H, 0F0H, 0E0H, 0C0H, 80H, 00H, 0FFH, 00H, 0FEH
          DB        0FDH, 0FBH, 0F7H, 0EFH, 0DFH, 0BFH, 07FH, 0BFH, 0DFH
          DB        0EFH, 0F7H, 0FBH, 0FDH, 0FEH, 00H, 0FFH, 00H
```

```
DISP:   MOV     P1, A          ；将取得的显示码从 P1 口输出显示
        JMP     LOOP1
INT:    CLR     TR1            ；停止计数
        DEC     R0             ；计数值减 1
        MOV     TL1, #0AFH     ；重置时间常数初值
        MOV     TH1, #03CH
        SETB    TR1            ；开始计数
        RETI                   ；中断返回
        END
```

C 语言程序(**T6.c**)：

```
#include    <reg51.h>
char buf;
void time1(void) interrupt 3
{
    TR1 = 0;
    TL1 = 0xaf;
    TH1 = 0x3c;
    buf++;
    TR1 = 1;
}
void main(void)
{
    unsigned char led=1;
    TMOD = 0x10;
    TL1 = 0xaf;
    TH1 = 0x3c;
    IE = 0x88;
    TR1 = 1;
    buf = 0;
    P1 = 0xfe;
    while(1)
    {
        if(buf==10)
        {
            led<<=1;
            if(!led) led = 1;
            P1 = ~led;
            buf = 0;
        }
```

```
    }
}
```

主程序和中断程序的框图如图 3-6-1 和图 3-6-2 所示。

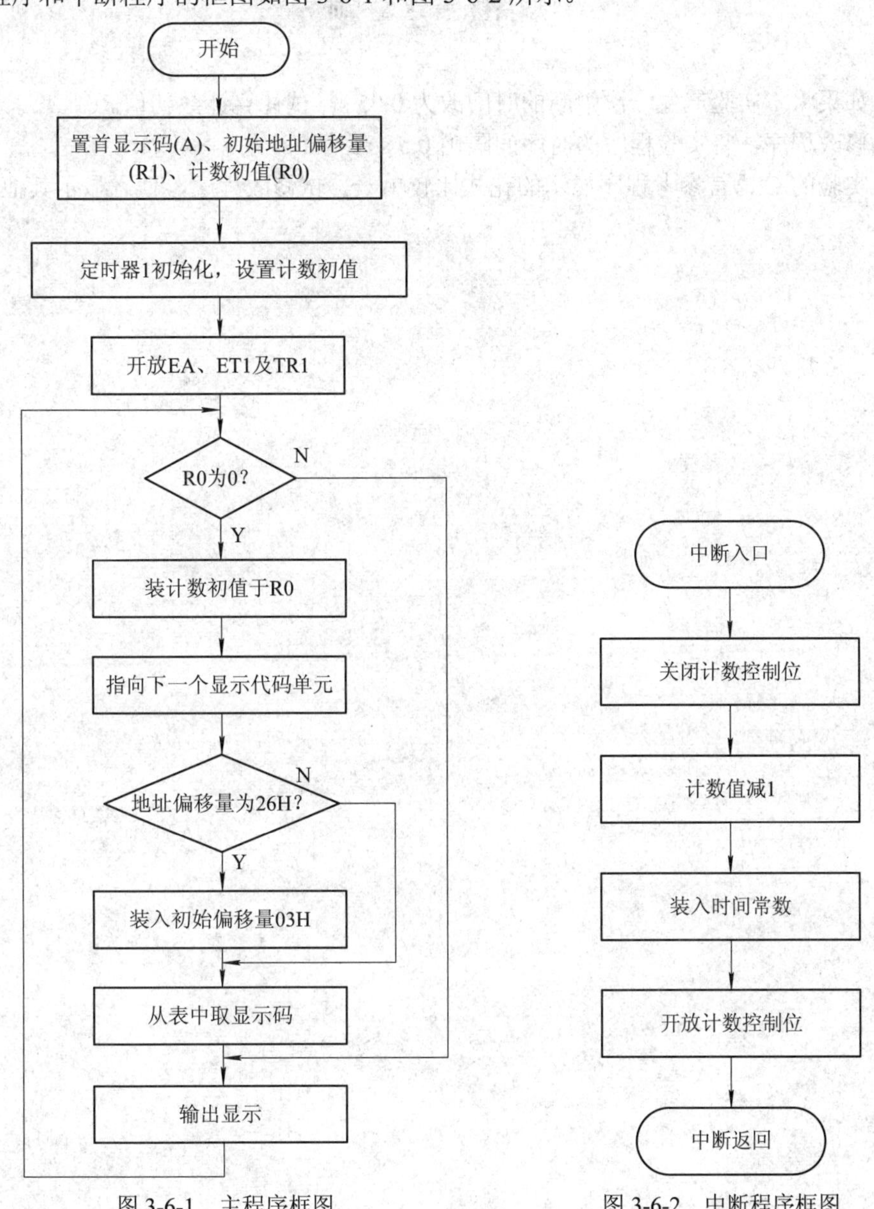

图 3-6-1　主程序框图

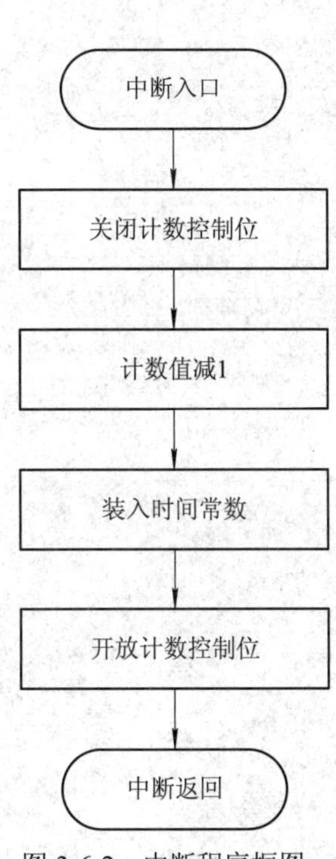

图 3-6-2　中断程序框图

4. 实验测试和结果分析

全速运行程序，观察 LED 显示情况。

四、实验报告要求

(1) 记录实验中遇到的各种问题及解决过程、调试结果。

(2) 绘出硬件电路的结构框图和电路原理图。

(3) 记录全速运行时 LED 花式的变化情况，并将测试照片放到实验报告中。

思　考　题

1. 如果将本实验产生一次中断的时间改为 0.05 s，试计算计数初值。
2. 修改程序，将实验程序的时序间隔由 0.5 s 改为 1 s。
3. 实验的 C 语言参考程序显示的花式比较单一，试修改程序，使之显示其他的花式。

实验七　8255 可编程并行接口实验

实验项目名称：8255 可编程并行接口实验
实验项目性质：普通
所属课程名称：微处理器与接口技术
实验仪器设备：计算机、MUT-Ⅳ型实验箱、8051 单片机模块
实验计划学时：2

一、实验目的

(1) 了解 8255 芯片的结构及编程方法。
(2) 掌握通过 8255 并行口读取开关数据的方法。

二、实验内容和要求

利用 8255 可编程并行接口芯片，重复实验四的内容。实验可用 B 通道作为开关量输入口，A 通道作为显示输出口。

三、实验方法、步骤和测试

1. 实验方法

设置好 8255 各端口的工作模式。实验中应当使三个端口都工作于方式 0，并使 A 口为输出口，B 口为输入口。

2. 实验接线

实验接线为：8255 的 PA0～PA7 接发光二极管 L1～L8；PB0～PB7 接开关 K1～K8；片选信号 8255CS 接 CS0。

3. 编写程序和调试

参考程序如下：
汇编程序(**T7.ASM**)：

```
NAME    T7                          ; 8255A 实验一
CSEG    AT      0000H
        LJMP    START
CSEG    AT      4100H
PA      EQU     0CFA0H
```

```
PB          EQU     0CFA1H
PCTL        EQU     0CFA3H
START:      MOV     DPTR, #PCTL         ; 置 8255 控制字，A、B、C 口均工作于
                                        ; 方式 0，A、C 口为输出，B 口为输入
            MOV     A, #82H
            MOVX    @DPTR, A
LOOP:       MOV     DPTR, #PB           ; 从 B 口读入开关状态值
            MOVX    A, @DPTR
            MOV     DPTR, #PA           ; 从 A 口将状态值输出显示
            MOVX    @DPTR, A
            MOV     R7, #10H            ; 延时
DEL0:       MOV     R6, #0FFH
DEL1:       DJNZ    R6, DEL1
            DJNZ    R7, DEL0
            JMP     LOOP
END
```

C 语言程序(**T7.c**)：

```
#include    <reg51.h>
#include    <absacc.h>
#define     PA      XBYTE[0xcfa0]
#define     PB      XBYTE[0xcfa1]
#define     PCTL    XBYTE[0xcfa3]
void delay(void)
{
    unsigned char time;
    for(time=100; time>0; time--);
}
void main(void)
{
    PCTL = 0x82;
    while(1)
    {
        PA = PB;
        delay();
    }
}
```

程序框图如图 3-7-1 所示。

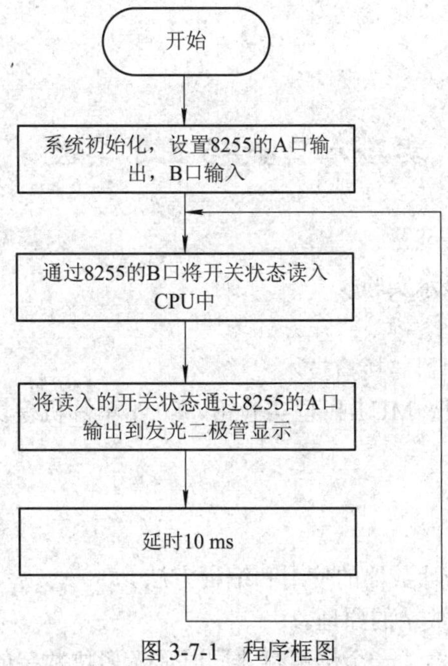

图 3-7-1　程序框图

4. 实验测试和结果分析

全速运行程序，拨动开关，观察 LED 的显示情况。

四、实验报告要求

(1) 记录实验中遇到的各种问题及解决过程、调试结果。

(2) 绘出硬件电路的原理图。

(3) 记录开关不同状态下 LED 的显示情况，并将测试照片放到实验报告中。

思　考　题

在不改变电路接线的情况下，如何通过拨动不同开关来让 LED 显示不同花式？

实验八　数码显示实验

实验项目名称：数码显示实验
实验项目性质：综合
所属课程名称：微处理器与接口技术
实验仪器设备：计算机、MUT-Ⅳ型实验箱、8051 单片机模块
实验计划学时：2

一、实验目的

(1) 进一步掌握定时器/计数器的使用和编程方法。
(2) 了解七段数码显示数字的原理。
(3) 掌握用一个段锁存器、一个位锁存器同时显示多位数字的技术。

二、实验内容和要求

本试验采用动态显示。动态显示就是一位一位地轮流点亮显示器的各个位(扫描)。将 8031CPU 的 P1 口当作一个锁存器使用，74LS273 作为段锁存器。

三、实验方法、步骤和测试

1. 实验方法

利用定时器/计数器 1 定时中断，控制电子钟走时，利用实验箱上的 6 个数码管显示分、秒，做成一个电子钟。显示格式为：“分　　秒”。

定时时间常数计算方法如下：

定时器/计数器 1 工作于方式 1，晶振频率为 6 MHz，故预置值 Tx 为

$$(2e + 16 - Tx) \times 12 \times 1/(6 \times 10e + 6) = 0.1\ \mathrm{s}$$

Tx=15535D=3CAFH，故 TH1=3CH，TL1=AFH。

2. 实验接线

将 P1 口的 P1.0～P1.5 与数码管的输入 LED6～LED1 相连，74LS273 的 O0～O7 与 LEDA～LEDDp 相连，片选信号 CS273 与 CS0 相连。去掉短路子连接。

3. 编写程序和调试

主程序和中断程序的框图分别如图 3-8-1、图 3-8-2 所示。

参考程序如下：

汇编程序(**T8.ASM**)：

```
NAME        T8                                   ; 数码显示实验
```

```
PORT    EQU     0CFA0H
BUF     EQU     23H             ; 存放计数值
SBF     EQU     22H             ; 存放秒值
MBF     EQU     21H             ; 存放分值
CSEG    AT      0000H
        LJMP    START
CSEG    AT      401BH
        LJMP    CLOCK
CSEG    AT      4100H
START:  MOV     R0, #40H        ; 40H～45H 是显示缓冲区，依次存放
        MOV     A, #00H         ; 分高位、分低位，0A、0A(横线)
        MOV     @R0, A          ; 以及秒高位、秒低位
        INC     R0
        MOV     @R0, A
        INC     R0
        MOV     A, #0AH
        MOV     @R0, A
        INC     R0
        MOV     @R0, A
        INC     R0
        MOV     A, #00H
        MOV     @R0, A
        INC     R0
        MOV     @R0, A

        MOV     TMOD, #10H      ; 定时器/计数器 1 初始化为方式 1
        MOV     TH1, #38H       ; 置时间常数，延时 0.1 s
        MOV     TL1, #00H

        MOV     BUF, #00H       ; 置 0
        MOV     SBF, #00H
        MOV     MBF, #00H

        SETB    ET1
        SETB    EA
        SETB    TR1
DS1:    MOV     R0, #40H        ; 置显示缓冲区首址
        MOV     R2, #01H        ; 置扫描初值，点亮最左边的 LED6
```

```
DS2:    MOV     DPTR, #PORT
        MOV     A, @R0          ; 得到的段显码输出到段数据口
        ACALL   TABLE
        MOVX    @DPTR, A

        MOV     A, R2           ; 向位数据口 P1 输出位显码
        CPL     A
        MOV     P1, A

        MOV     R3, #0FFH       ; 延时一小段时间
DEL:    NOP
        DJNZ    R3, DEL

        INC     R0              ; 显示缓冲字节加 1
        CLR     C
        MOV     A, R2
        RLC     A               ; 显码右移一位
        MOV     R2, A           ; 最末一位是否显示完毕？如无则
        JNZ     DS2             ; 继续往下显示

        MOV     R0, #45H
        MOV     A, SBF          ; 把秒值分别放于 44H、45H 中
        ACALL   GET

        DEC     R0              ; 跳过负责显示“-”的两个字节
        DEC     R0
        MOV     A, MBF          ; 把分值分别放入 40H、41H 中

        ACALL   GET
        SJMP    DS1             ; 转 DS1 从头显示起
TABLE:  INC     A               ; 取与数字对应的段码
        MOVC    A, @A+PC
        RET
        DB      3FH, 06H, 5BH, 4FH, 66H, 6DH, 7DH, 07H, 7FH, 6FH, 40H

GET:    MOV     R1, A           ; 把从分或秒字节中取来的值的高
        ANL     A, #0FH         ; 位屏蔽掉，并送入缓冲区
        MOV     @R0, A
```

```
        DEC     R0
        MOV     A, R1           ; 把从分或秒字节中取来的值的低
        SWAP    A               ; 位屏蔽掉，并送入缓冲区
        ANL     A, #0FH
        MOV     @R0, A
        DEC     R0              ; R0 指针下移一位
        RET
CLOCK:  MOV     TL1, #0AFH      ; 置时间常数
        MOV     TH1, #3CH
        PUSH    PSW
        PUSH    ACC
        INC     BUF             ; 计数加 1
        MOV     A, BUF          ; 计到 10 否？没有则转到 QUIT，退出中断
        CJNE    A, #0AH, QUIT
        MOV     BUF, #00H       ; 置初值
        MOV     A, SBF
        INC     A               ; 秒值加 1，经十进制调整后放入
        DA      A               ; 秒字节
        MOV     SBF, A
        CJNE    A, #60H, QUIT   ; 计到 60 否？没有则转到 QUIT，退出中断
        MOV     SBF, #00H       ; 是，秒字节清 0
        MOV     A, MBF
        INC     A               ; 分值加 1，经十进制调整后放入
        DA      A               ; 分字节
        MOV     MBF, A
        CJNE    A, #60H, QUIT   ; 分值为 60 否？不是则退出中断
        MOV     MBF, #00H       ; 是，清 0
QUIT:   POP     ACC
        POP     PSW
        RETI                    ; 中断返回
END
```

C 语言程序(**T8.c**):

```
#include    <reg51.h>
#include    <absacc.h>

#define     Out_port        XBYTE[0xcfa0]
```

```
#define          ScanDelay 80

sbit P1_0 = P1^0;
sbit P1_1 = P1^1;
sbit P1_2 = P1^2;
sbit P1_3 = P1^3;
sbit P1_4 = P1^4;
sbit P1_5 = P1^5;

char TimeCount;
unsigned char Table[11] =
{0x3F, 0x06, 0x5B, 0x4F, 0x66, 0x6D, 0x7D, 0x07, 0x7F, 0x6F, 0x40};
// 0    1     2     3     4     5     6     7     8     9    -

void delay(unsigned int time)
{
    char i;
    for(; time>0; time--)
    for(i=0; i<5; i++);
}

void time1(void) interrupt 3              //100 ms 计时
{
    TR1 = 0;
    TL1 = 0xaf;
    TH1 = 0x3c;
    TimeCount++;
    TR1 = 1;
}

void led_out(unsigned char dat)
{
    Out_port = ~dat;
}
void main(void)
{
    unsigned char Sec_Ge = 0;
    unsigned char Sec_Sh = 0;
```

```
unsigned char Min_Ge = 0;
unsigned char Min_Sh = 0;

led_out(0xFF);                    //所有段显熄灭
P1 = 0xFF;                        //所有位显熄灭
delay(1000);

TMOD = 0x10;                      //定时器/计数器设置
TL1 = 0xaf;
TH1 = 0x3c;
IE = 0x88;
TR1 = 1;

TimeCount = 0;                    //定时器/计数器计数清 0

while(1)
{
                                  //计算定时数据
    if(TimeCount>=10)             //1 s
{
    TimeCount = 0;
    Sec_Ge++;
    if(Sec_Ge>=10)       //10 s
    {
        Sec_Ge = 0;
        Sec_Sh++;
        if(Sec_Sh>=6)//60 s
        {
            Sec_Sh = 0;
            Min_Ge++;
            if(Min_Ge>=10) //10 min
            {
                Min_Sh++;
                if(Min_Sh>=10)
                {
                    Min_Sh = 0;
                    Min_Ge = 0;
                    Sec_Sh = 0;
```

```
                    Sec_Ge = 0;
                    TimeCount = 0;
                }
            }
        }
    }

}

//扫描显示
P1   = 0xFF;                    //关闭所有数码管位选
P1_5 = 0;                       //打开“分钟”十位
led_out(~Table[Min_Sh]);
delay(ScanDelay);

P1   = 0xFF;                    //关闭所有数码管位选
P1_4 = 0;                       //打开“分钟”个位
led_out(~Table[Min_Ge]);
delay(ScanDelay);

P1   = 0xFF;                    //关闭所有数码管位选
P1_2 = 0;                       //显示“- -”
P1_3 = 0;
led_out(~Table[10]);
delay(ScanDelay);

P1   = 0xFF;                    //关闭所有数码管位选
P1_1 = 0;                       //打开“秒钟”十位
led_out(~Table[Sec_Sh]);
delay(ScanDelay);

P1   = 0xFF;                    //关闭所有数码管位选
P1_0 = 0;                       //打开“秒钟”个位
led_out(~Table[Sec_Ge]);
delay(ScanDelay);
}
}
```

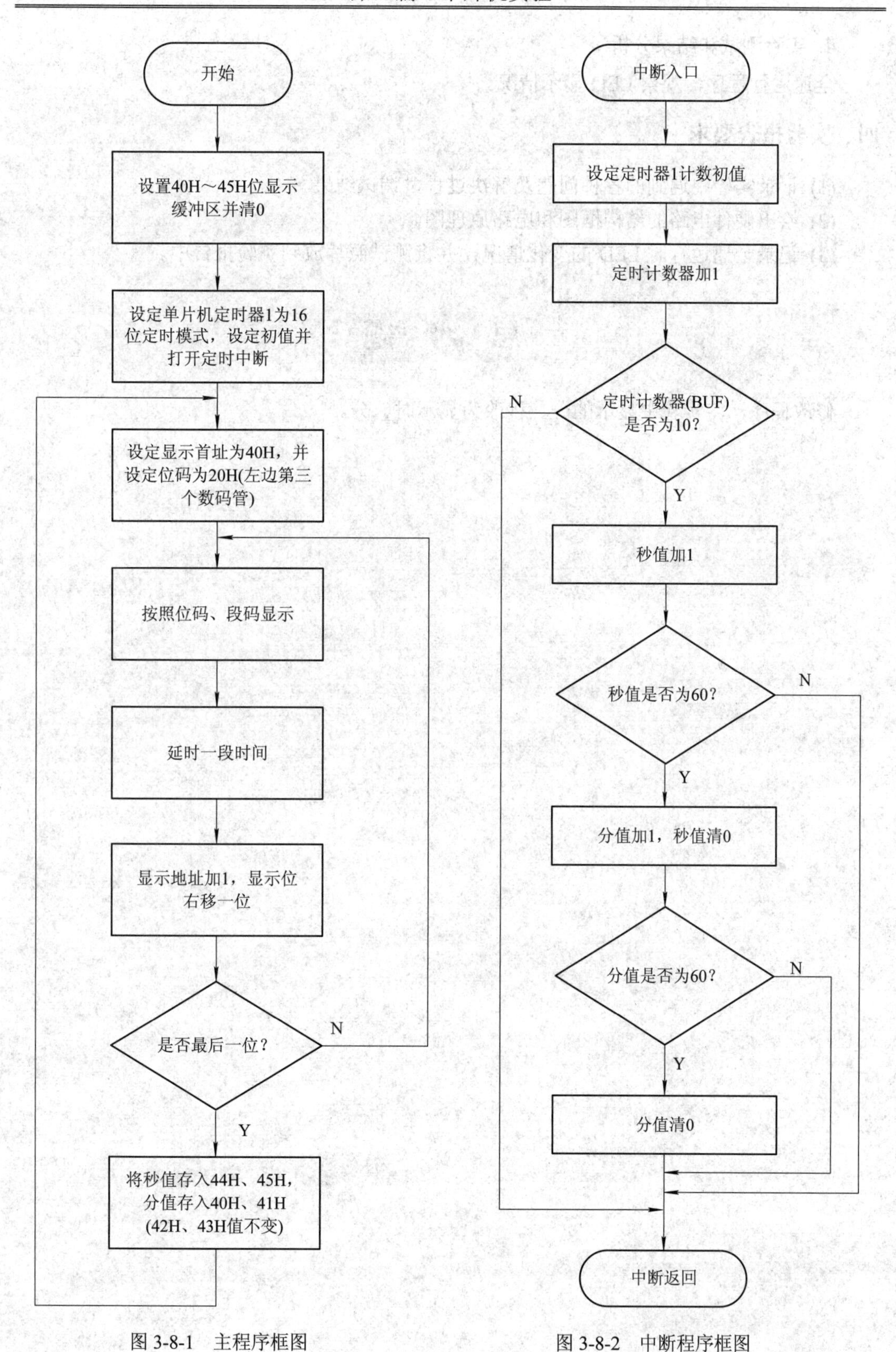

图 3-8-1 主程序框图

图 3-8-2 中断程序框图

4. 实验测试和结果分析

全速运行程序，观察 LED 显示情况。

四、实验报告要求

(1) 记录实验中遇到的各种问题及解决过程、调试结果。
(2) 绘出硬件电路的结构框图和电路原理图。
(3) 记录全速运行时 LED 的变化情况，并将测试照片放到实验报告中。

思 考 题

修改程序，将实验中显示的分、秒改为显示时、分。

实验九　串行口实验(一)——单机实验

实验项目名称：串行口实验(一)——单机实验
实验项目性质：普通
所属课程名称：微处理器与接口技术
实验仪器设备：计算机、MUT-Ⅳ型实验箱、8051单片机模块
实验计划学时：2

一、实验目的

(1) 掌握8031串行口方式1的工作方式及编程方法。
(2) 掌握串行通信中波特率的设置。
(3) 在给定通信波特率的情况下，会计算定时时间常数。

二、实验内容和要求

利用8031串行口发送和接收数据，并将接收的数据通过扩展I/O口74LS273输出到发光二极管显示，结合延时来模拟一个循环彩灯。

三、实验方法、步骤和测试

1. 实验方法

MCS-51单片机串行通讯的波特率随串行口工作方式选择的不同而不同，它除了与系统的振荡频率(f)、电源控制寄存器PCON的SMOD位有关外，还与定时器/计数器T1的设置有关。

(1) 在工作方式0时，波特率固定不变，仅与系统振荡频率有关，其大小为f/12。
(2) 在工作方式2时，波特率也只有两种固定情况：
当SMOD = 1时，波特率 = $f/32$；
当SMOD = 0时，波特率 = $f/64$。
(3) 在工作方式1和3时，波特率是可变的：
当SMOD = 1时，波特率 = 定时器/计数器T1的溢出率/16；
当SMOD = 0时，波特率 = 定时器/计数器T1的溢出率/32。
其中，定时器/计数器T1的溢出率=$f/12 \times (256-N)$，N为T1的定时时间常数。

在实际应用中，往往是给定通信波特率，而后去确定时间常数。例如：$f = 6.144$ MHz，波特率等于1200，当SMOD = 0时，则$1200 = 6144000 \div [12 \times 32 \times (256-N)]$，计算得$N =$ F2H。例程中设置串行口工作于方式1，SMOD = 0，波特率为1200。

循环彩灯的变换花样与实验六相同，也可自行设计变换花样。

2. 实验连线

实验接线：8031 的 TXD 接 RXD；74LS273 的 CS273 接 CS0；O0～O7 接发光二极管的 L1～L8。

3. 编写程序和调试

参考程序如下：

汇编程序(**T9.asm**)：

```
        NAME    T9              ; 串行口实验一
        CSEG    AT      0000H
                LJMP    START
        CSEG    AT      4100H
        PORT    EQU     0CFA0H
START:  MOV     TMOD, #20H      ; 选择定时器/计数器模式 2，计时方式
        MOV     TL1, #0F2H      ; 预置时间常数，波特率为 1200
        MOV     TH1, #0F2H
        MOV     87H, #00H       ; PCON=00，使 SMOD=0
        SETB    TR1             ; 启动定时器/计数器 1
        MOV     SCON, #50H      ; 串行口工作于方式 1，允许串行接收
        MOV     R1, #12H        ; R1 中存放显示计数值
        MOV     DPTR, #TABLE
        MOV     A, DPL
        MOV     DPTR, #L1
        CLR     C
        SUBB    A, DPL          ; 计算偏移量
        MOV     R5, A           ; 存放偏移量
        MOV     R0, A
SEND:   MOV     A, R0
        MOVC    A, @A+PC        ; 取显示码
L1:     MOV     SBUF, A         ; 通过串行口发送显示码
WAIT:   JBC     RI, L2          ; 接收中断标志为 0 时循环等待
        SJMP    WAIT
L2:     CLR     RI              ; 接收中断标志清 0
        CLR     TI              ; 发送中断标志清 0
        MOV     A, SBUF         ; 接收数据送 A
        MOV     DPTR, #PORT
        MOVX    @DPTR, A        ; 显码输出
        ACALL   DELAY           ; 延时 0.5 s
        INC     R0              ; 偏移量下移
```

```
        DJNZ    R1, SEND         ；为 0，置计数初值和偏移量初值
        MOV     R1, #12H
        MOV     A, R5
        MOV     R0, A
        JMP     SEND
TABLE:  DB      01H, 03H, 07H, 0FH, 1FH, 3FH, 7FH, 0FFH, 0FEH
        DB      0FCH, 0F8H, 0F0H, 0E0H, 0C0H, 80H, 00H, 0FFH, 00H
DELAY:  MOV     R4, #05H         ；延时 0.5 s
DEL1:   MOV     R3, #200
DEL2:   MOV     R2, #126
DEL3:   DJNZ    R2, DEL3
        DJNZ    R3, DEL2
        DJNZ    R4, DEL1
        RET
        END
```

C 语言程序(**T9.c**)：

```
#include    <reg51.h>
#include    <absacc.h>
#define     out_port        XBYTE[0xcfa0]

void delay(unsigned int t)
{
    for(; t>0; t--);
}
void main(void)
{
    char transmit = 0, receiv;
    TMOD = 0x20;
    TL1 = 0xf2;
    TH1 = 0xf2;
    PCON = 0;
    SCON = 0x50;
    TR1 = 1;
    while(1)
    {
        TI = 0;
        SBUF = transmit;
        while(RI)
        {
```

```
            RI = 0;
            receiv = SBUF;
            if(receiv<8)
                out_port = ~((1<<receiv));
            else
                out_port = ~((1<<(15-receiv)));
        }
        transmit++;
        if(transmit==16) transmit = 0;
        delay(3000);
    }
}
```

4. 实验测试和结果分析

全速运行程序，观察 LED 显示情况。

四、实验报告要求

(1) 记录实验中遇到的各种问题及解决过程、调试结果。
(2) 绘出硬件电路的原理图。
(3) 记录全速运行时 LED 花式的变化情况，并将测试照片放到实验报告中。

思　考　题

1. 当串行口工作在方式 1，波特率为 2400 Baud，晶振频率为 11.0592 MHz，定时器/计数器 T1 工作在方式 2，SMOD 为 0 时，请计算此时的定时时间常数。

2. 修改程序，改变串行口的发送数据，从而改变 LED 显示的花式。

实验十　串行口实验(二)——双机实验

实验项目名称：串行口实验(二)——双机实验

实验项目性质：综合

所属课程名称：微处理器与接口技术

实验仪器设备：计算机、MUT-Ⅳ型实验箱、8051单片机模块

实验计划学时：4

一、实验目的

(1) 掌握串行口工作方式的程序设计，掌握单片机通信程序的编制。

(2) 了解实现串行通信的硬件环境、数据格式、数据交换的协议。

二、实验内容和要求

利用8031串行口，实现双机通信。编写程序让甲机负责发送，乙机负责接收，从甲机的键盘上键入数字键0～F，让其在两个实验箱上的数码管上显示出来。如果键入的不是数字按键，则显示“Error”提示。

三、实验方法、步骤和测试

1. 实验方法

本实验通信模块由两个独立的模块组成：甲机发送模块和乙机接收模块。

MCS-51单片机内串行口的SBUF有两个：接收SBUF和发送SBUF，二者在物理结构上是独立的，单片机用它们来接收和发送数据。专用寄存器SCON和PCON控制串行口的工作方式和波特率。定时器/计数器1作为波特率发生器。

编程时注意两点：一是初始化，设置波特率和数据格式；二是确定数据传送方式。数据传送方式有两种：查询方式和中断方式。本实验的例子采用的是查询方式。

为确保通信成功，甲机和乙机必须有一个一致的通信协议，本实验的例子的通信协议如下：

字节数n	数据1	数据2	…	数据n	累加校验和

通信双方均采用2400波特的速率传送，甲机发送数据，乙机接收数据。双机开始通信时，甲机发送一个呼叫信号“06”，询问乙机是否可以接收数据；乙机收到呼叫信号后，若同意接收数据则发回“00”作为应答，否则发“15”表示暂不能接收数据；甲机只有收到乙机的应答信号“00”后才可把要发送的数据发送给乙机，否则继续向乙机呼叫，直到乙机同意接收。其发送数据格式如下：

(1) 字节数n：甲机将向乙机发送的数据个数；

(2) 数据 1～数据 n：甲机将向乙机发送的 n 个数据；

(3) 累加校验和：字节数 n，数据 1，……，数据 n，这(n+1)个字节内容的算术累加和。

乙机根据接收到的“校验和”判断已接收到的数据是否正确。若正确，向甲机回发“0F”信号，否则回发“F0”信号。甲机只有接到信号“0F”才算完成发送任务，否则继续呼叫，重发数据。实验硬件框图如图 3-10-1 所示。

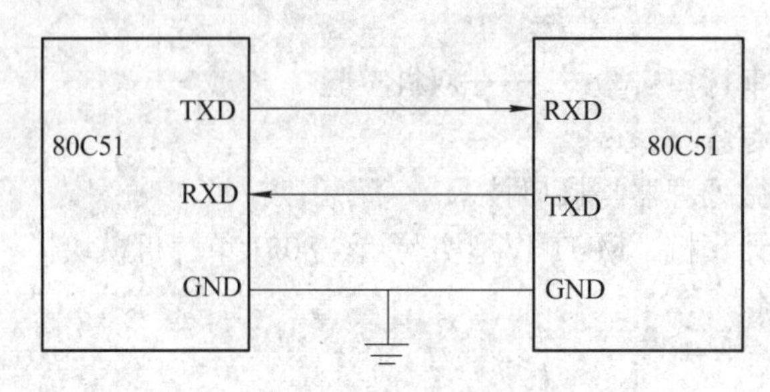

图 3-10-1 实验硬件框图

2. 实验接线

本实验需要实现双机通信，所以需要两套设备共同完成。

(1) 甲机 8031CPU 板上的 TXD 接乙机的 RXD；

(2) 甲机的 RXD 接乙机的 TXD；

(3) 甲机的 GND 接乙机的 GND；

(4) 将键盘的 KA10～KA12 接 8279 的 KA0～KA2；RL10～RL17 接 8255A 的 RL0～RL7。

3. 编写程序和调试

参考程序如下：

汇编程序：

T10f.ASM:

```
NAME    T10F                        ; 双机通信实验(发送程序)
CSEG    AT      0000H
        LJMP    START
CSEG    AT      4100H
PORT    EQU     0CFE8H
START:  MOV     DPTR, #PORT+1       ; 8279 命令字
        MOV     A, #0D1H            ; 清除
        MOVX    @DPTR, A
WAIT:   MOVX    A, @DPTR
        JB      ACC.7, WAIT         ; 等待清除完毕
        MOV     TMOD, #20H
        MOV     TH1, #0F2H
        MOV     TL1, #0F2H
        SETB    TR1
        MOV     SCON, #50H
```

```
        MOV     87H, #80H
        MOV     50H, #00H
        MOV     51H, #00H
        MOV     52H, #00H
        MOV     53H, #00H
        MOV     54H, #00H
        MOV     55H, #00H
LOOP1:  MOVX    A, @DPTR
        ANL     A, #0FH
        JZ      LOOP1           ; 有键按下?
        MOV     A, #0A0H        ; 显示消隐命令
        MOVX    @DPTR, A
        MOV     DPTR, #PORT     ; 读键值
        MOVX    A, @DPTR
        ANL     A, #3FH
        MOV     R7, A           ; 状态保存
        MOV     50H, 51H
        MOV     51H, 52H
        MOV     52H, 53H
        MOV     53H, 54H
        MOV     54H, 55H
LOP:    MOV     A, R7
        MOV     DPTR, #TAB1
        MOVC    A, @A+DPTR      ; 查取数字键的字型码
        MOV     55H, A
        MOV40H, A
        SUBB    A, #80H
        JZ      ERROR           ; 非数字键则跳转
        ACALL   DISP
        SJMP    TXACK
DISP:   MOV     DPTR, #PORT+1
        MOV     A, #90H
        MOVX    @DPTR, A
        MOV     R6, #06H
        MOV     R1, #50H
        MOV     DPTR, #PORT
DL0:    MOV     A, @R1
        MOVX    @DPTR, A
        INC     R1
        DJNZ    R6, DL0
```

```
            RET
TXACK:      MOV     A, #06H          ; 发呼叫信号“06”
            MOV     SBUF, A
WAIT1:      JBC     TI, RXYES        ; 等待发送完一个字节
            SJMP    WAIT1
RXYES:      JBC     RI, NEXT1        ; 等待乙机回答
            SJMP    RXYES
NEXT1:      MOV     A, SBUF          ; 判断乙机是否同意接收，不同意继续呼叫
            CJNE    A, #00H, TXACK
            MOV     A, 40H
            MOV     SBUF, A
WAIT2:      JBC     TI, TXNEWS
            SJMP    WAIT2
TXNEWS:     JBC     RI, IF0DDH
            SJMP    TXNEWS
IF0DDH:     MOV     A, SBUF
            CJNE    A, #0FH, TXACK   ; 判断乙机是否接收正确，不正确继续呼叫
            MOV     DPTR, #0CFE9H
            LJMP    LOOP1
ERROR:      MOV     50H, #79H
            MOV     51H, #31H
            MOV     52H, #31H
            MOV     53H, #5CH
            MOV     54H, #31H
            MOV     55H, #80H
            LCALL   DISP
DD:         MOV     DPTR, #PORT+1
            MOVX    A, @DPTR
            ANL     A, #0FH
            JZ      DD               ; 有键按下?
            MOV     A, #0A0H         ; 显示消隐命令
            MOVX    @DPTR, A
            MOV     DPTR, #0CFE8H    ; 读键值
            MOVX    A, @DPTR
            ANL     A, #3FH
            MOV     R7, A            ; 状态保存
            MOV     50H, #00H
            MOV     51H, #00H
            MOV     52H, #00H
            MOV     53H, #00H
```

```
        MOV     54H, #00H
        LJMP    LOP
TAB1:   DB      3FH, 06H, 5BH, 4FH, 80H, 80H        ; 键值字型码表
        DB      66H, 6DH, 7DH, 07H, 80H, 80H
        DB      7FH, 6FH, 77H, 7CH, 80H, 80H
        DB      39H, 5EH, 79H, 71H, 80H, 80H
        DB      80H, 80H, 80H, 80H
END
```

T10j.ASM:

```
NAME    T10J                                ; 双机通信实验
CSEG    AT      0000H
        LJMP    START
CSEG    AT      4100H
PORT    EQU     0CFE8H
START:  MOV     DPTR, #PORT+1               ; 8279 命令字
        MOV     A, #0D1H                    ; 清除
        MOVX    @DPTR, A
WAIT:   MOVX    A, @DPTR
        JB      ACC.7, WAIT                 ; 等待清除完毕
        MOV     TMOD, #20H
        MOV     TH1, #0F2H                  ; 初始化定时器/计数器
        MOV     TL1, #0F2H
        SETB    TR1
        MOV     SCON, #50H                  ; 初始化串行口
        MOV     87H, #80H
        MOV     50H, #00H
        MOV     51H, #00H
        MOV     52H, #00H
        MOV     53H, #00H
        MOV     54H, #00H
        MOV     55H, #00H
        SJMP    RXACK
DISP:   MOV     DPTR, #PORT+1
        MOV     A, #90H
        MOVX    @DPTR, A
        MOV     R6, #06H
        MOV     R1, #50H
        MOV     DPTR, #PORT
DL0:    MOV     A, @R1
```

```
            MOVX    @DPTR, A
            INC     R1
            DJNZ    R6, DL0
            RET
RXACK:      JBC     RI, IF06H               ; 接收呼叫信号
            SJMP    RXACK
IF06H:      MOV     A, SBUF                 ; 判断呼叫是否有误
            CJNE    A, #06H, TX15H
TX00H:      MOV     A, #00H
            MOV     SBUF, A
WAIT1:      JBC     TI, RXBYTES             ; 等待应答信号发送完
            SJMP    WAIT1
TX15H:      MOV     A, #0F0H                ; 向甲机报告接收的呼叫信号不正确
            MOV     SBUF, A
WAIT2:      JBC     TI, HAVE1
            SJMP    WAIT2
HAVE1:      SJMP    RXACK
RXBYTES:    JBC     RI, HAVE2
            SJMP    RXBYTES
HAVE2:      MOV     A, SBUF
            MOV     R7, A
            MOV     A, #0FH
            MOV     SBUF, A
WAIT3:      JBC     TI, LOOP1
            SJMP    WAIT3
LOOP1:      MOV     DPTR, #PORT+1
            MOV     A, #0A0H                ; 显示消隐命令
            MOVX    @DPTR, A
            MOV     50H, 51H
            MOV     51H, 52H
            MOV     52H, 53H
            MOV     53H, 54H
            MOV     54H, 55H
            MOV     A, R7
            MOV     55H, A
            LCALL   DISP
            LJMP    RXACK
            END
```

C 语言程序(**T10.c**):

```
#include    <reg51.h>
```

```
#include     <absacc.h>
#define      out_port          XBYTE[0xcfe8]

void delay(unsigned int t)
{
    for(; t>0; t--);
}
void main(void)
{
    char transmit = 0, receiv;
    TMOD = 0x20;
    TL1 = 0xf2;
    TH1 = 0xf2;
    PCON = 0;
    SCON = 0x50;
    TR1 = 1;
    while(1)
    {
        TI = 0;
        SBUF = transmit;
        while(RI)
        {
            RI = 0;
            receiv = SBUF;
            if(receiv<8)
            {
                for(; receiv>=0; receiv--)
                    out_port = ~((1<<1)|1);
            }
            else
            {
                for(; receiv>7; receiv--)
                    out_port = 0xff<<1;
            }
        }
        transmit++;
        if(transmit==16) transmit = 0;
        delay(30000);
    }
}
```

发送和接收程序的框图如图 3-10-2、图 3-10-3 所示。

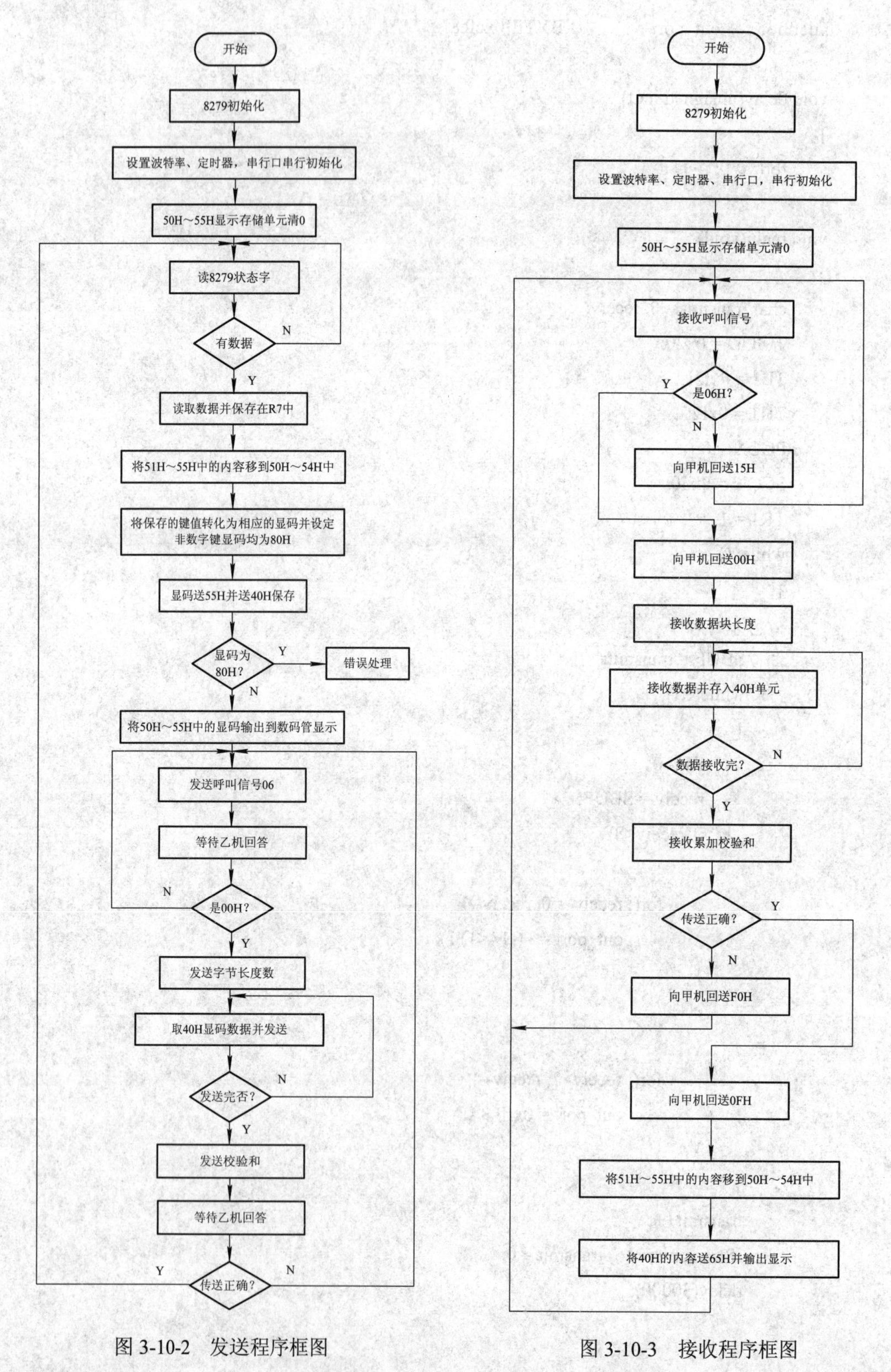

图 3-10-2　发送程序框图　　　　图 3-10-3　接收程序框图

4. 实验测试和结果分析

甲机键盘依次键入 0～F，观察两机数码管显示的状态。

四、实验报告要求

(1) 记录实验中遇到的各种问题及解决过程、调试结果。

(2) 记录输入不同字符时数码管显示的结果，并将测试照片放到实验报告中。

思 考 题

在本实验基础上，修改程序，实现甲、乙两机可以互相发送数据。

实验十一　D/A 转换实验

实验项目名称：D/A 转换实验
实验项目性质：普通
所属课程名称：微处理器与接口技术
实验仪器设备：计算机、MUT-Ⅳ型实验箱、8051 单片机模块、示波器
实验计划学时：2

一、实验目的

(1) 了解 D/A 转换的基本原理。
(2) 了解 D/A 转换芯片 0832 的性能及编程方法。
(3) 了解单片机系统中扩展 D/A 转换的基本方法。

二、实验内容和要求

利用 DAC0832，编制程序产生锯齿波、三角波、正弦波，三种波形轮流显示。

三、实验方法、步骤和测试

1. 实验方法

D/A 转换是把数字量转换成模拟量的变换。从 D/A 输出的是模拟电压信号。产生锯齿波和三角波只需由 A 存放的数字量的增减来控制；要产生正弦波，较简单的手段是造一张正弦数字量表。正弦波的取值范围为一个周期，采样点越多精度就越高。

本实验中，输入寄存器占偶地址端口，DAC 寄存器占较高的奇地址端口。两个寄存器均对数据独立进行锁存。因而要把一个数据通过 0832 输出，要经两次锁存。典型程序段如下：

```
MOV     DPTR，#PORT
MOV     A，#DATA
MOVX    @DPTR, A
INC     DPTR
MOVX    @DPTR, A
```

其中第二次 I/O 写是一个虚拟写过程，其目的只是产生一个 WR 信号，启动 D/A，实验电路结构框图如图 3-11-1 所示。

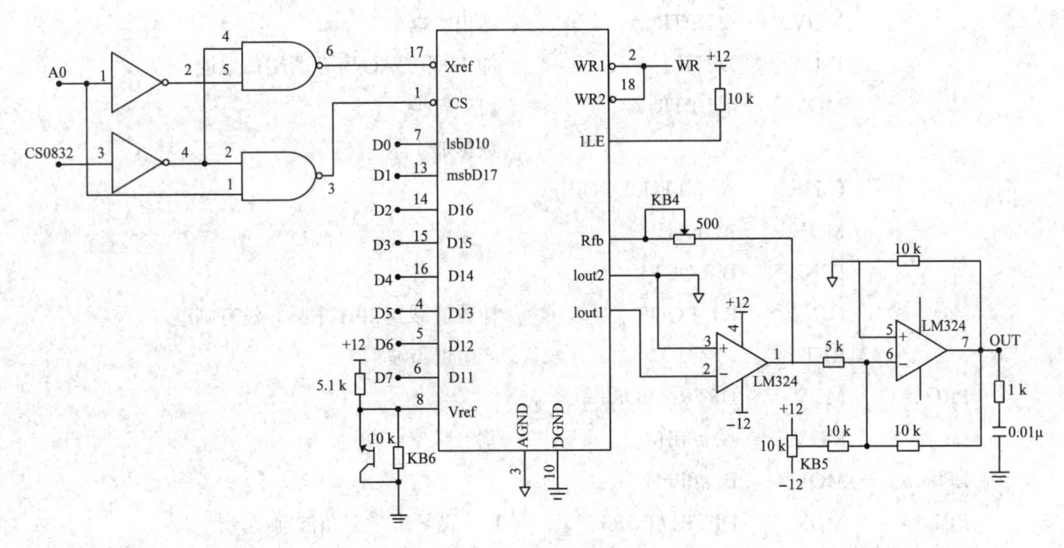

图 3-11-1　电路结构框图

2. 实验接线

本实验的实验接线如下：

(1) DAC0832 的片选 CS0832 接 CS0，输出端 OUT 接示波器探头；

(2) 将短路端子 DS 的 1、2 短路。

3. 编写程序和调试

参考程序如下：

汇编程序(**T11.ASM**)：

```
; 实验接线：DAC0832 的片选 CS0832 接 CS0，输出端 OUT 接示波器探头。
NAME      T14                        ; 0832 数模转换实验
PORT      EQU     0CFA0H
CSEG      AT      4000H
          LJMP    START
CSEG      AT      4100H
START:    MOV     R1, #02H           ; 置计数初值于 R1
          ACALL   PRG1               ; 显示锯齿波
          MOV     R1, #01H           ; 置计数初值于 R1
          ACALL   PRG2               ; 显示三角波
          MOV     R1, #01H           ; 置计数初值于 R1
          ACALL   PRG3               ; 显示正弦波
          LJMP    START              ; 转 START 循环显示
PRG1:     MOV     DPTR, #PORT+1      ; DAC 寄存器端口地址送 DPTR
          MOV     A, #00H            ; 初值送 ACC
LOOP:     MOV     B, #0FFH
LOOP1:    MOV     DPTR, #PORT        ; DAC 输入寄存器端口地址
```

```
        MOVX    @DPTR, A          ; 送出数据
        INC     DPTR              ; 加 1，为 DAC 寄存器端口地址
        MOVX    @DPTR, A          ; 启动转换
        INC     A                 ; 数据加 1
        CJNE    A, #0FFH, LOOP1
        MOV     A, #00H
        DJNZ    B, LOOP1
        DJNZ    R1, LOOP          ; 计数值减到 40H 了吗？没有则继续
        RET                       ; 产生锯齿波
PRG2:   MOV     DPTR, #PORT+1
        MOV     A, #00H
LP0:    MOV     B, #0FFH
LP1:    MOV     DPTR, #PORT       ; LP1 循环产生三角波前半周期
        MOVX    @DPTR, A
        INC     DPTR
        MOVX    @DPTR, A
        INC     A
        CJNE    A, #0FFH, LP1     ; 数据为 FFH 吗？不等则转 LP1
        MOV     R2, #0FEH
LP2:    MOV     DPTR, #PORT       ; LP2 循环产生三角波后半周期
        MOV     A, R2
        MOVX    @DPTR, A
        INC     DPTR
        MOVX    @DPTR, A
        DJNZ    R2, LP2
        DJNZ    B, LP1
        DJNZ    R1, LP0           ; 计数值到 80H 则退出执行下一步
        RET
PRG3:   MOV     B, #00H
LP3:    MOV     DPTR, #DATA0
        MOV     R4, #0FFH         ; FFH 为 DATA0 表中的数据个数
LP4:    MOVX    A, @DPTR          ; 从表中取数据
        MOV     R3, DPH
        MOV     R5, DPL
        MOV     DPTR, #PORT
        MOVX    @DPTR, A
        INC     DPTR
        MOVX    @DPTR, A
        MOV     DPH, R3
```

```
        MOV     DPL, R5
        INC     DPTR                ; 地址下移
        DJNZ    R4, LP4
        DJNZ    B, LP3
        DJNZ    R1, PRG3
        RET
DATA0:  DB 80H, 83H, 86H, 89H, 8DH, 90H, 93H, 96H
        DB 99H, 9CH, 9FH, 0A2H, 0A5H, 0A8H, 0ABH, 0AEH
        DB 0B1H, 0B4H, 0B7H, 0BAH, 0BCH, 0BFH, 0C2H, 0C5H
        DB 0C7H, 0CAH, 0CCH, 0CFH, 0D1H, 0D4H, 0D6H, 0D8H
        DB 0DAH, 0DDH, 0DFH, 0E1H, 0E3H, 0E5H, 0E7H, 0E9H
        DB 0EAH, 0ECH, 0EEH, 0EFH, 0F1H, 0F2H, 0F4H, 0F5H
        DB 0F6H, 0F7H, 0F8H, 0F9H, 0FAH, 0FBH, 0FCH, 0FDH
        DB 0FDH, 0FEH, 0FFH, 0FFH, 0FFH, 0FFH, 0FFH, 0FFH
        DB 0FFH, 0FFH, 0FFH, 0FFH, 0FFH, 0FFH, 0FEH, 0FDH
        DB 0FDH, 0FCH, 0FBH, 0FAH, 0F9H, 0F8H, 0F7H, 0F6H
        DB 0F5H, 0F4H, 0F2H, 0F1H, 0EFH, 0EEH, 0ECH, 0EAH
        DB 0E9H, 0E7H, 0E5H, 0E3H, 0E1H, 0DEH, 0DDH, 0DAH
        DB 0D8H, 0D6H, 0D4H, 0D1H, 0CFH, 0CCH, 0CAH, 0C7H
        DB 0C5H, 0C2H, 0BFH, 0BCH, 0BAH, 0B7H, 0B4H, 0B1H
        DB 0AEH, 0ABH, 0A8H, 0A5H, 0A2H, 9FH, 9CH, 99H
        DB 96H, 93H, 90H, 8DH, 89H, 86H, 83H, 80H
        DB 80H, 7CH, 79H, 76H, 72H, 6FH, 6CH, 69H
        DB 66H, 63H, 60H, 5DH, 5AH, 57H, 55H, 51H
        DB 4EH, 4CH, 48H, 45H, 43H, 40H, 3DH, 3AH
        DB 38H, 35H, 33H, 30H, 2EH, 2BH, 29H, 27H
        DB 25H, 22H, 20H, 1EH, 1CH, 1AH, 18H, 16H
        DB 15H, 13H, 11H, 10H, 0EH, 0DH, 0BH, 0AH
        DB 09H, 8H, 7H, 6H, 5H, 4H, 3H, 2H
        DB 02H, 1H, 0H, 0H, 0H, 0H, 0H, 0H
        DB 00H, 0H, 0H, 0H, 0H, 0H, 1H, 2H
        DB 02H, 3H, 4H, 5H, 6H, 7H, 8H, 9H
        DB 0AH, 0BH, 0DH, 0EH, 10H, 11H, 13H, 15H
        DB 16H, 18H, 1AH, 1CH, 1EH, 20H, 22H, 25H
        DB 27H, 29H, 2BH, 2EH, 30H, 33H, 35H, 38H
        DB 3AH, 3DH, 40H, 43H, 45H, 48H, 4CH, 4EH
        DB 51H, 51H, 55H, 57H, 5AH, 5DH, 60H, 63H
        DB 69H, 6CH, 6FH, 72H, 76H, 79H, 7CH, 80H
        END
```

C 语言程序(**T11.c**):

```
#include        <reg51.h>
#include    <absacc.h>
#include        <math.h>
#define         da_port         XBYTE[0xcfa0]
#define         buf_port        XBYTE[0xcfa1]

void delay(unsigned int t)
{
    for(; t>0; t--);
}
void da_conv(unsigned char dat)
{
    da_port = dat;
    buf_port = dat;
}
void triangle(void)
{
    unsigned char dat=0, count=0;
    while(count<50)
    {
        for(dat=0; dat<0xff; dat++)
        {
            da_conv(dat);
            delay(1);
        }
        for(dat=0xff; dat>0; dat--)
        {
            da_conv(dat);
            delay(1);
        }
        count++;
    }
}
void sawtooth(void)
{
    unsigned char dat=0, count=0;
    while(count<100)
    {
```

```
            for(dat=0; dat<0xff; dat++)
            {
                da_conv(dat);
                delay(1);
            }
            count++;
        }
}
void sinwave(void)
{
        unsigned char dat, num, count=0;
        while(count<10)
        {
            for(num=0; num<=200; num+=4)
            {
                dat = (unsigned char)((1+sin(((float)(num)/100)*3.14))*0x80);
                da_conv(dat);
            }
            count++;
        }
}
void square(void)
{
        unsigned char count=0;
        while(count<100)
        {
            da_conv(0xff);
            delay(200);
            da_conv(0);
            delay(200);
            count++;
            }
}
void main(void)
{
        while(1)
        {
            square();
            triangle();
```

```
        sawtooth();
        sinwave();
    }
}
```

主程序框图，锯齿波、三角波、正弦波显示子程序框图和中断子程序的框图分别如图3-11-2～图3-11-6所示。

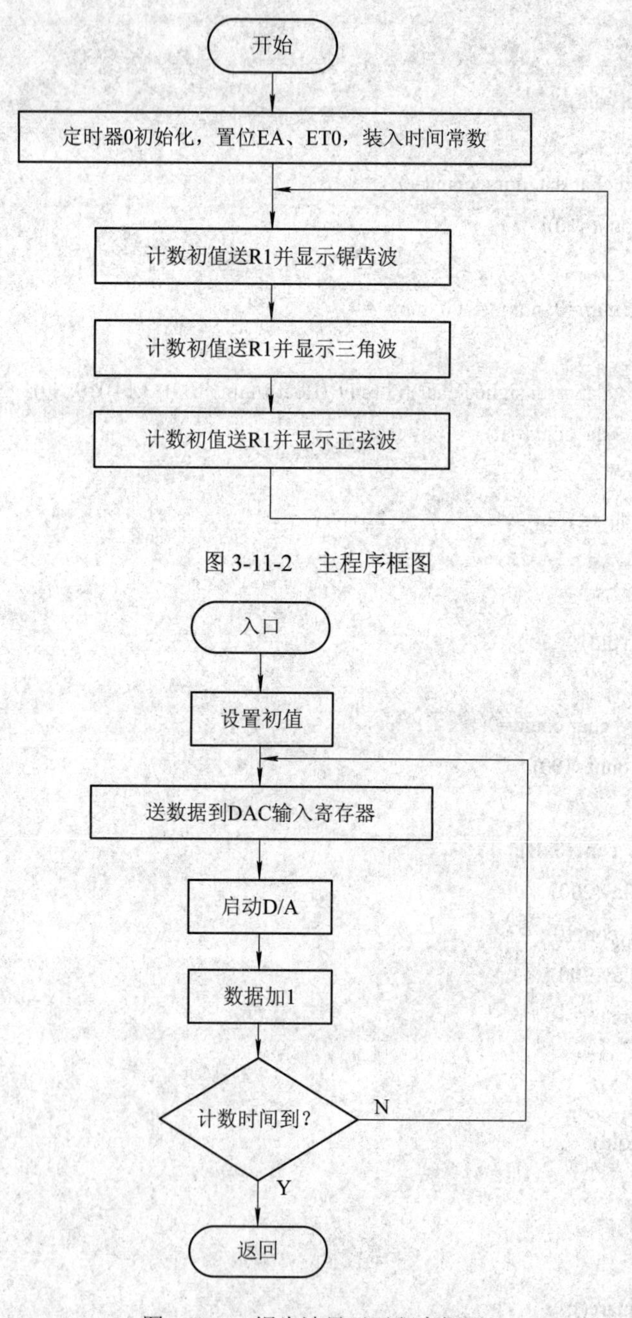

图 3-11-2　主程序框图

图 3-11-3　锯齿波显示子程序框图

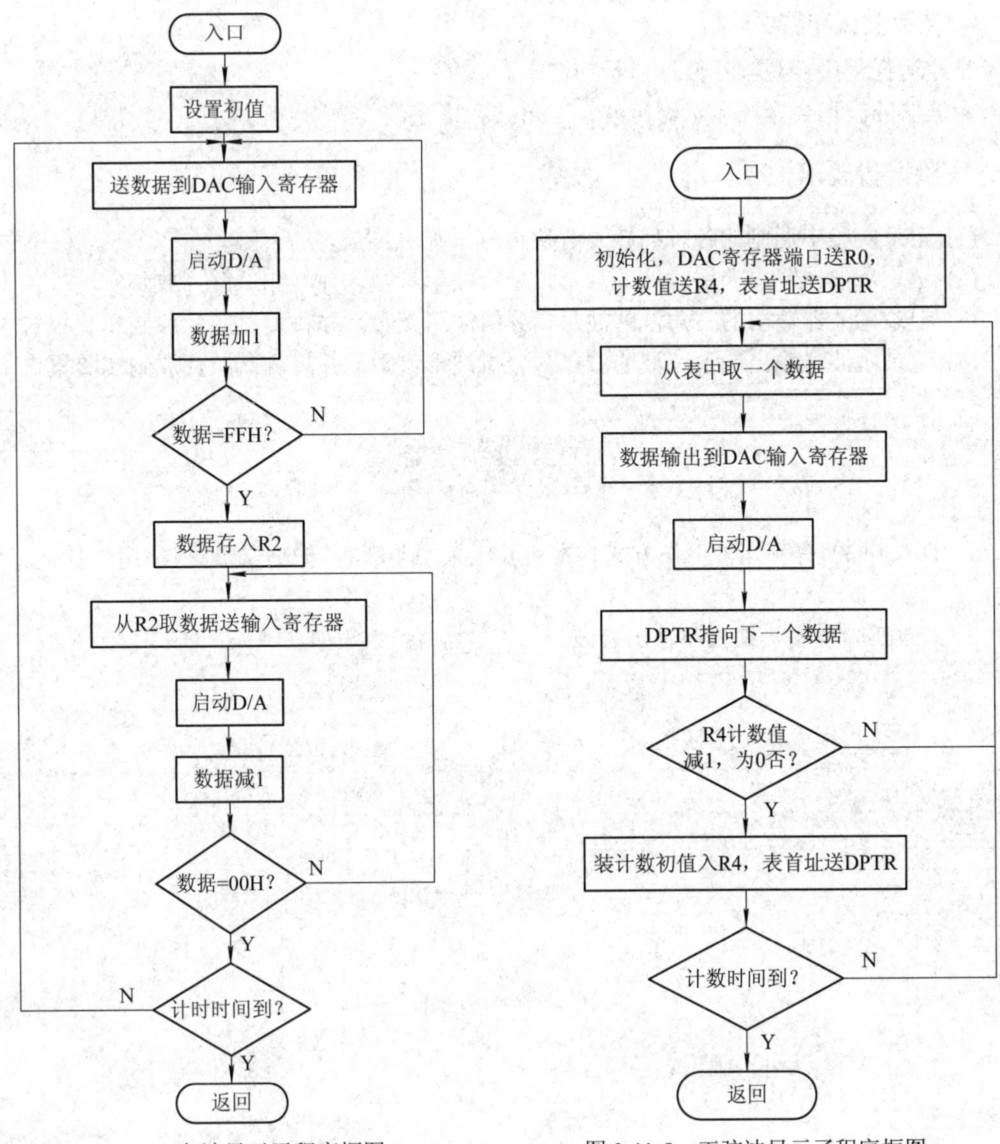

图 3-11-4　三角波显示子程序框图

图 3-11-5　正弦波显示子程序框图

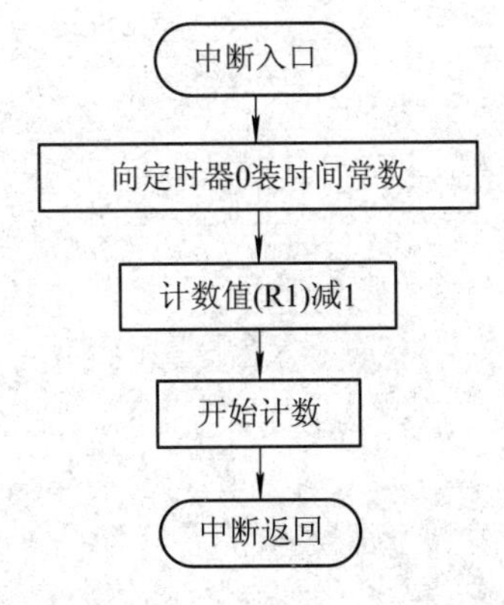

图 3-11-6　中断子程序框图

4. 实验测试和结果分析

全速运行程序，观察示波器显示的波形。

示波器的波形会循环显示锯齿波、三角波和正弦波。

四、实验报告要求

(1) 记录实验中遇到的各种问题及解决过程、调试结果。

(2) 记录示波器输出的锯齿波的波形，分析波形参数，并将测试照片放到实验报告中。

(3) 记录示波器输出的三角波的波形，分析波形参数，并将测试照片放到实验报告中。

(4) 记录示波器输出的正弦波的波形，分析波形参数，并将测试照片放到实验报告中。

思 考 题

1. DAC0832 有哪几种工作方式？本实验中采用了哪种方式？此方式适用于什么工作场合？

2. 修改实验程序，使程序输出方波。

实验十二　A/D 转换实验

实验项目名称：A/D 转换实验
实验项目性质：普通
所属课程名称：微处理器与接口技术
实验仪器设备：计算机、MUT-Ⅳ型实验箱、8051 单片机模块、万用表
实验计划学时：2

一、实验目的

(1) 掌握 A/D 转换与单片机的接口方法。
(2) 了解 A/D 芯片 ADC0809 转换性能及编程方法。
(3) 通过实验了解单片机如何进行数据采集。

二、实验内容和要求

利用实验台上的 ADC0809 做 A/D 转换器，实验箱上的电位器提供模拟电压信号输入，编制程序，将模拟量转换成数字量，用数码管显示模拟量转换的结果。

三、实验方法、步骤和测试

1. 实验方法

A/D 转换器大致有三类：一是双积分 A/D 转换器，优点是精度高，抗干扰性好，价格便宜，但速度慢；二是逐次逼近法 A/D 转换器，精度、速度、价格适中；三是并行 A/D 转换器，速度快，价格也昂贵。

实验用的 ADC0809 属第二类，是 8 位 A/D 转换器。每采集一次需 100 μs。

ADC0809 START 端为 A/D 转换启动信号，ALE 端为通道选择地址的锁存信号。实验电路中将其相连，以便同时锁存通道地址并开始 A/D 采样转换，故启动 A/D 转换只需如下两条指令：

```
MOV     DPTR, #PORT
MOVX    @DPTR, A
```

指令里 A 中为何内容并不重要，这是一次虚拟写。

在中断方式下，A/D 转换结束后会自动产生 EOC 信号，将其与 8031CPU 板上的 INT0 相连接。在中断处理程序中，使用如下指令即可读取 A/D 转换的结果：

```
MOV     DPTR, #PORT
MOVX    A, @DPTR
```

实验电路结构框图如图 3-12-1 所示。

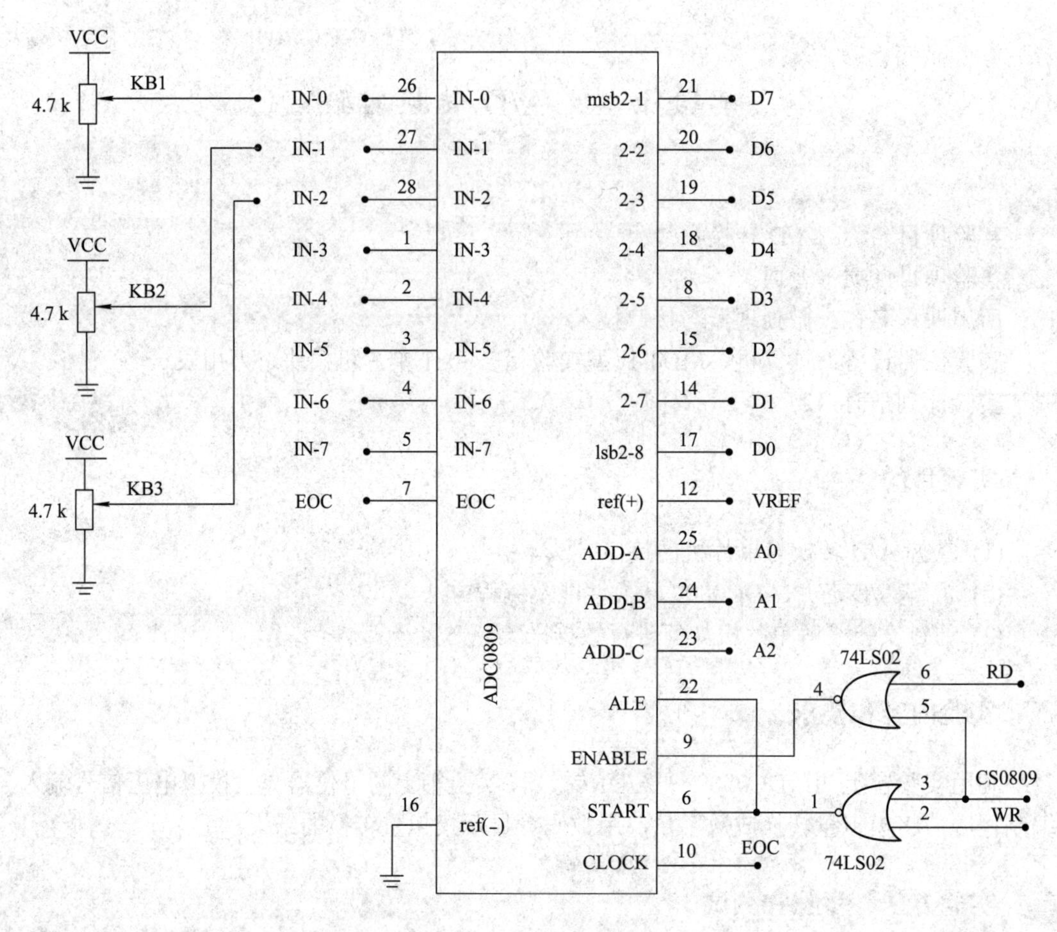

图 3-12-1　电路结构框图

2. 实验接线

本实验的实验接线如下：

(1) 0809 的片选信号 CS0809 接 CS0；

(2) 电位器的输出信号 AN0 接 0809 的 ADIN0；

(3) EOC 接 CPU 板的 INT0。

3. 编写程序和调试

参考程序如下：

汇编程序(**T12.ASM**)：

```
NAME    T15                         ; 0809 实验
PORT    EQU     0CFA0H
CSEG    AT      0000H
        LJMP    START
CSEG    AT      4100H
```

```
START:  MOV    DPTR, #PORT          ; 启动通道 0
        MOVX   @DPTR, A
        MOV    R0, #0FFH
LOOP1:  DJNZ   R0, LOOP1            ; 等待中断
        MOVX   A, @DPTR
        MOV    R1, A
DISP:   MOV    A, R1                ; 从 R1 中取转换结果
        SWAP   A                    ; 分离高四位和低四位
        ANL    A, #0FH              ; 并依次存放在 50H 到 51H 中
        MOV    50H, A
        MOV    A, R1
        ANL    A, #0FH
        MOV    51H, A
LOOP:   MOV    DPTR, #0CFE9H        ; 写显示 RAM 命令字
        MOV    A, #90H
        MOVX   @DPTR, A
        MOV    R0, #50H             ; 存放转换结果地址初值送 R0
        MOV    R1, #02H
        MOV    DPTR, #0CFE8H        ; 8279 数据口地址
DL0:    MOV    A, @R0
        ACALL  TABLE                ; 转换为显码
        MOVX   @DPTR, A             ; 送显码输出
        INC    R0
        DJNZ   R1, DL0
        SJMP   DEL1
TABLE:  INC    A
        MOVC   A, @A+PC
        RET
DB      3FH, 06H, 5BH, 4FH, 66H, 6DH, 7DH, 07H
DB      7FH, 6FH, 77H, 7CH, 39H, 5EH, 79H, 71H
DEL1:   MOV    R6, #255             ; 延时一段时间使显示更稳定
DEL2:   MOV    R5, #255
DEL3:   DJNZ   R5, DEL3
        DJNZ   R6, DEL2
        LJMP   START                ; 循环
        END
```

C 语言程序(**T12.c**)：

```
#include     <reg51.h>
#include     <absacc.h>
#define      Led_dat        XBYTE[0xcfe8]
#define      Led_ctl        XBYTE[0xcfe9]
#define      ad_port        XBYTE[0xcfa0]

void Display_byte(unsigned char loc, unsigned char dat)
{
    unsigned char table[]= {0x3f, 0x06, 0x5b, 0x4f, 0x66, 0x6d, 0x7d, 0x07, 0x7f, 0x6f, 0x77, 0x7c,
                          0x39, 0x5e, 0x79, 0x71};
    loc &=0xf;
    Led_ctl = loc|0x80;
    Led_dat = table[dat>>4];        /*显示高 4 位*/
    loc++;
    Led_ctl = loc|0x80;
    Led_dat = table[dat&0xf];       /*显示低 4 位*/
}
void delay(unsigned int t)
{
    for(; t>0; t--);
}
void main(void)
{
    Led_ctl = 0xd1;
    while((Led_ctl&0x80)==0x80);
    Led_ctl = 0x31;
    while(1)
    {
        ad_port = 0;
        while(INT0);
        while(!INT0);
        Display_byte(0, ad_port);
        delay(10000);
    }
}
```

主程序和中断程序的框图分别如图 3-12-2、图 3-12-3 所示。

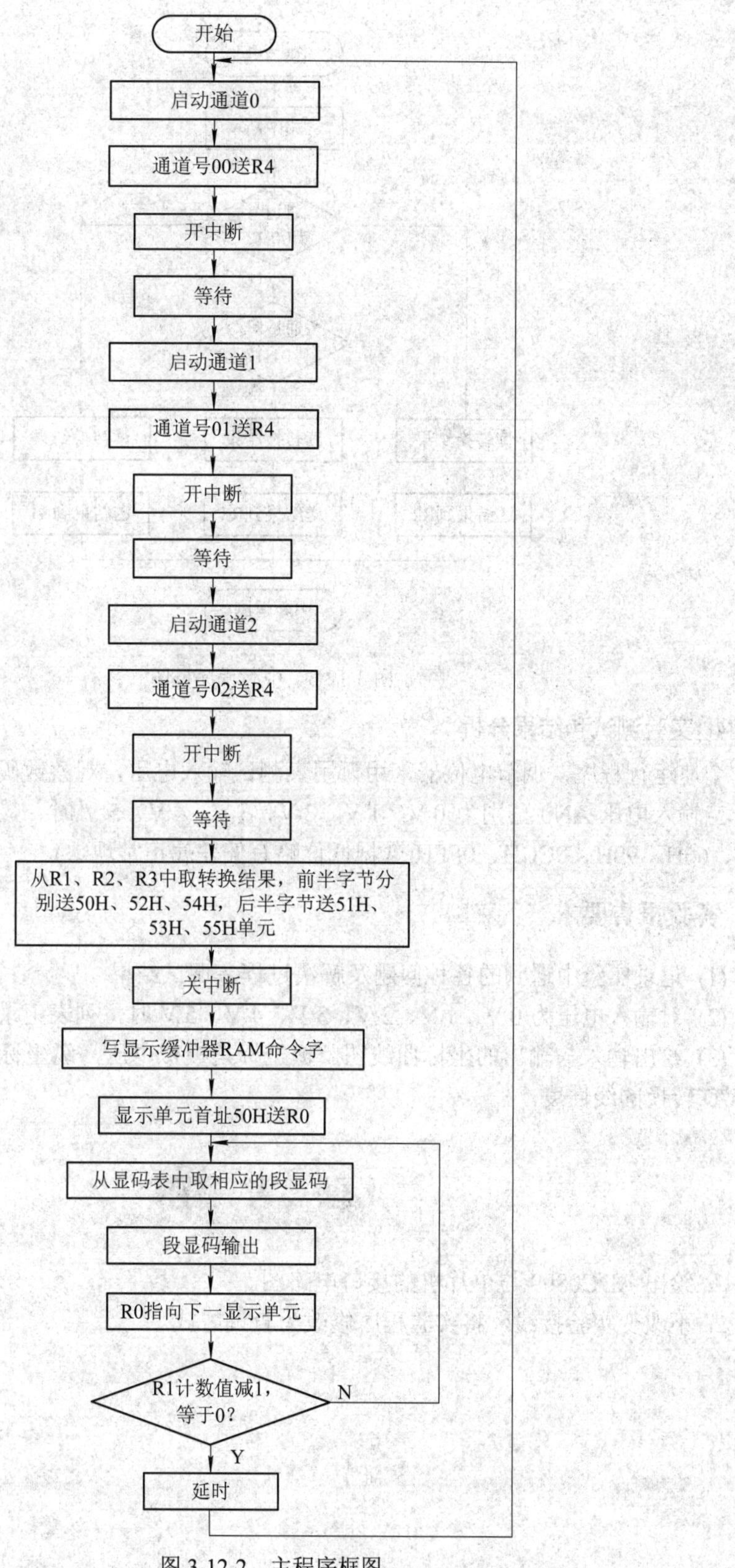
开始
启动通道0
通道号00送R4
开中断
等待
启动通道1
通道号01送R4
开中断
等待
启动通道2
通道号02送R4
开中断
等待
从R1、R2、R3中取转换结果，前半字节分别送50H、52H、54H，后半字节送51H、53H、55H单元
关中断
写显示缓冲器RAM命令字
显示单元首址50H送R0
从显码表中取相应的段显码
段显码输出
R0指向下一显示单元
R1计数值减1，等于0？
N
Y
延时

图 3-12-2　主程序框图

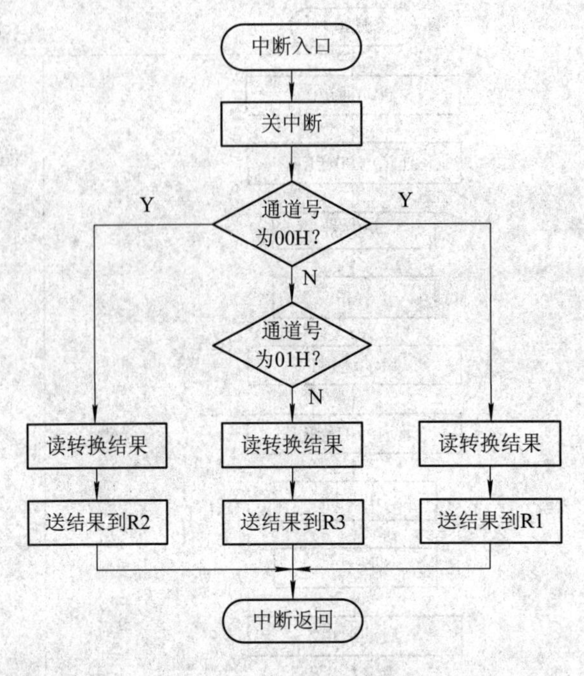

图 3-12-3　中断程序框图

4. 实验测试和结果分析

全速运行程序，调节电位器，用万用表测试输入电压，观察数码管显示。

当输入电压 AN0 分别为 0 V、1 V、2 V、3 V、4 V、5 V 时，显示数据分别为 00H、33H、66H、99H、0CCH、0FFH(数据低位略有偏差属正常现象)。

四、实验报告要求

(1) 记录实验中遇到的各种问题及解决过程、调试结果。

(2) 对输入电压为 0 V、1 V、2 V、3 V、4 V、5 V 时，列表记录所显示的实际数值。

(3) 绘出输入与输出的坐标曲线图，横坐标是模拟电压，纵坐标是转换的数字量，检查 A/D 转换的线性度。

思　考　题

1. 绘出 ADC0809 与单片机的接口电路图。

2. 不改变实验接线，将实验程序修改为查询方式。

实验十三　LCD 显示实验

实验项目名称：LCD 显示实验
实验项目性质：普通
所属课程名称：微处理器与接口技术
实验仪器设备：计算机、MUT-Ⅳ型实验箱、8051 单片机模块
实验计划学时：2

一、实验目的

(1) 学习液晶显示的编程方法，了解液晶显示模块的工作原理。
(2) 掌握液晶显示模块与单片机的接口方法。

二、实验内容和要求

编程实现在液晶显示屏上显示中文汉字“北京理工达盛科技有限公司”。

三、实验方法、步骤和测试

1. 实验方法

实验电路原理图如图 3-13-1 所示。

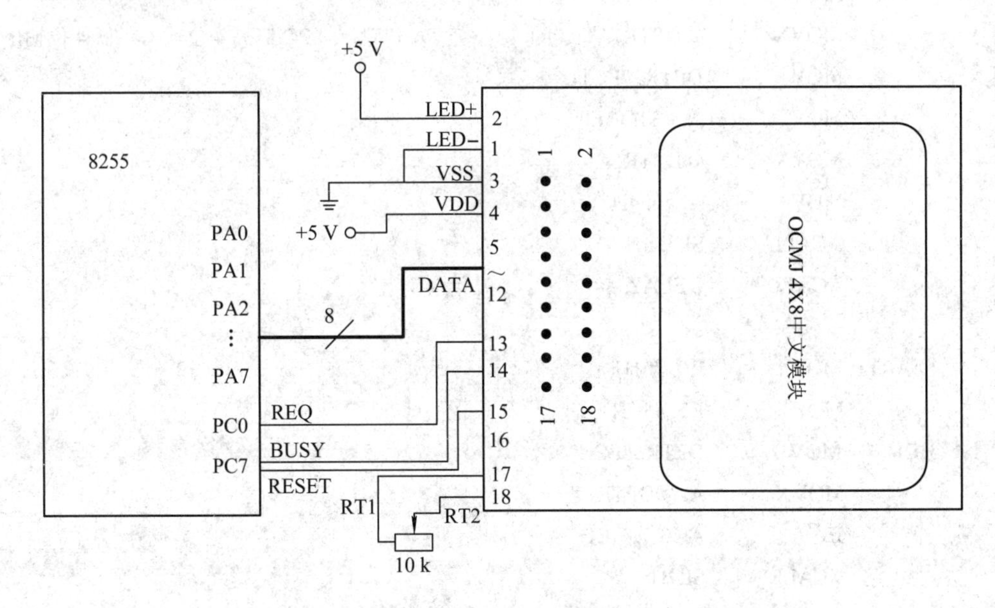

图 3-13-1　实验电路原理图

2. 实验接线

本实验的实验接线为：8255 的 PA0～PA7 接 DB0～DB7，PC7 接 BUSY，PC0 接 REQ，CS8255 接 CS0。

3. 编写程序和调试

参考程序如下：

汇编程序(**T13.ASM**):

```
    ; 8255 扩展 OCMJ2X8 模块测试程序
    ;---------------------------------------------
            PA          EQU     0CFA0H
            PB          EQU     0CFA1H
            PCC         EQU     0CFA2H
            PCTL        EQU     0CFA3H
            STOBE0      EQU     70H         ; PC0 复位控制字
            STOBE1      EQU     71H         ; PC0 置位控制字

            CSEG        AT      0000H
                        LJMP    START

            CSEG        AT      4100H
    ;--------------------------------------

    START:  MOV         DPTR, #PCTL
            MOV         A, #88H
            MOVX        @DPTR, A            ; 置 PA 口输出，PC 口高 4 位输入，低 4 位输出
            MOV         DPTR, #PCTL
            MOV         A, #STOBE0
            MOVX        @DPTR, A
            MOV         A, #0F4H
            ACALL       SUB2
            ACALL       DELAY               ; 清屏

    START1: MOV         R0, #01H
            MOV         R1, #3CH
    HE1:    MOV         DPTR, #PCC
            MOVX        A, @DPTR
            JB          ACC.7, HE1
            ACALL       SUB1
            CALL        SUB2
```

```
        DJNZ    R1, HE1
        ACALL   DELAY
        ACALL   DELAY
        ACALL   DELAY
        LJMP    START1
; -----------------------------------------------------
DELAY:  MOV     R2, #23H
DEL0:   MOV     R4, #06FH
DEL1:   MOV     R6, #06FH
DEL2:   DJNZ    R6, DEL2
        DJNZ    R4, DEL1
        DJNZ    R2, DEL0
        RET
; -----------------------------------------------------
SUB2:   MOV     DPTR, #PA
        MOVX    @DPTR, A
        MOV     DPTR, #PCTL
        MOV     A, #STOBE1
        MOVX    @DPTR, A
        INC     R0
HE2:    MOV     DPTR, #PCC
        MOVX    A, @DPTR
        JNB     ACC.7, HE2
        MOV     DPTR, #PCTL
        MOV     A, #STOBE0
        MOVX    @DPTR, A
        RET
; ---------------------------------------
SUB1:   MOV     A, R0               ; 显示“北京理工达盛科技有限公司”
        MOVC    A, @A+PC
        RET
        DB 0F0H, 01D, 00D, 17D, 17D, 0F0H, 02D, 00D, 30D, 09D
        DB 0F0H, 03D, 00D, 32D, 77D, 0F0H, 04D, 00D, 25D, 04D
        DB 0F0H, 05D, 00D, 20D, 79D, 0F0H, 06D, 00D, 42D, 02D
        DB 0F0H, 01D, 01D, 31D, 38D, 0F0H, 02D, 01D, 28D, 28D
        DB 0F0H, 03D, 01D, 51D, 48D, 0F0H, 04D, 01D, 47D, 62D
        DB 0F0H, 05D, 01D, 25D, 11D, 0F0H, 06D, 01D, 43D, 30D

      END
```

程序框图如图 3-13-2 所示。

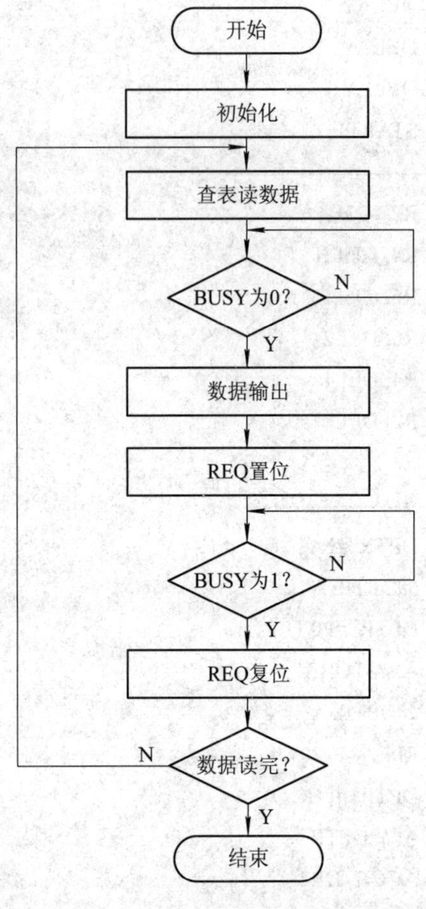

图 3-13-2　程序框图

4. 实验测试和结果分析

运行实验程序，观察液晶的显示状态。

四、实验报告要求

(1) 记录实验中遇到的各种问题及解决过程、调试结果。

(2) 记录实验显示结果，并将测试照片放到实验报告中。

思　考　题

1. 尝试修改液晶显示的文字内容。
2. 尝试编写液晶显示的 C 语言程序。

第四篇　仿 真 实 验

本篇是基于 Proteus 的仿真实验，可以帮助没有硬件实验平台的读者深入理解和巩固理论知识；或作为硬件实验的补充，为学生巩固课堂知识提供一种便捷的实验方法；亦可结合第一篇内容，用作在线课堂学习的配套实验。

本篇精选了第二、三篇的几个实验进行改进，共设计了三个实验，包括微机和单片机的内容，为读者快速入门 Proteus 仿真微机和单片机实验提供指导。

实验中微机汇编程序采用第一篇介绍的方法进行设计，而单片机程序(汇编或 C 语言)采用 Keil μVision 集成开发环境进行开发。Keil μVision 是单片机程序常用的开发环境，第三篇的程序开发没有采用这种开发环境，因而这篇的单片机实验还可以让读者同时掌握 Keil μVision 的开发方法。

关于 Keil μVision、Proteus 的基本开发步骤可以参考附录四和附录五。

仿真实验可以节约实验成本，对其后的真机实验可以起到一定的参考和指导作用，仿真实验和真机实验的结合，使学生之间可以进行合理分工、精诚合作，在实验过程中可以培养团队精神。

实验一　微机 I/O 口仿真实验

实验项目名称：微机 I/O 口仿真实验
实验项目性质：普通
所属课程名称：微处理器与接口技术
实验仪器设备：Proteus 仿真软件、MASM 汇编程序
实验计划学时：2

一、实验目的

(1) 掌握 8259A、8255 接口的工作原理。
(2) 掌握 I/O 口的初始化编程方法。
(3) 掌握编写中断服务程序方法。

二、实验内容和要求

用单脉冲发生器作中断源，每按一次产生一次中断申请，使 LED 循环变化。

三、实验方法、步骤和测试

1. 实验方法

(1) 本实验用到三部分电路：单脉冲发生器电路 74LS132、8255 并行接口电路和 8259A 中断控制器电路。单脉冲发生器产生上升沿的中断请求信号，通过 8259A 向 CPU 申请中断，在中断服务子程序中发送数据到 8255，并通过 8255 输出到 LED。实验设计图如图 4-1-1 所示。

4-1-1　微机 I/O 口实验设计

2. 实验接线

在 Proteus 中完成实验原理图设计。

实验接线为：Y0(74LS138)↔CS(8255)；Y1(74LS138)↔CS(8259)；A 口(8255A)↔LED1～LED8；74LS132 脉冲输出端↔IR0(8259)；INTR(CPU)↔INT(8259)；INTA(CPU)↔INTA(8259)。

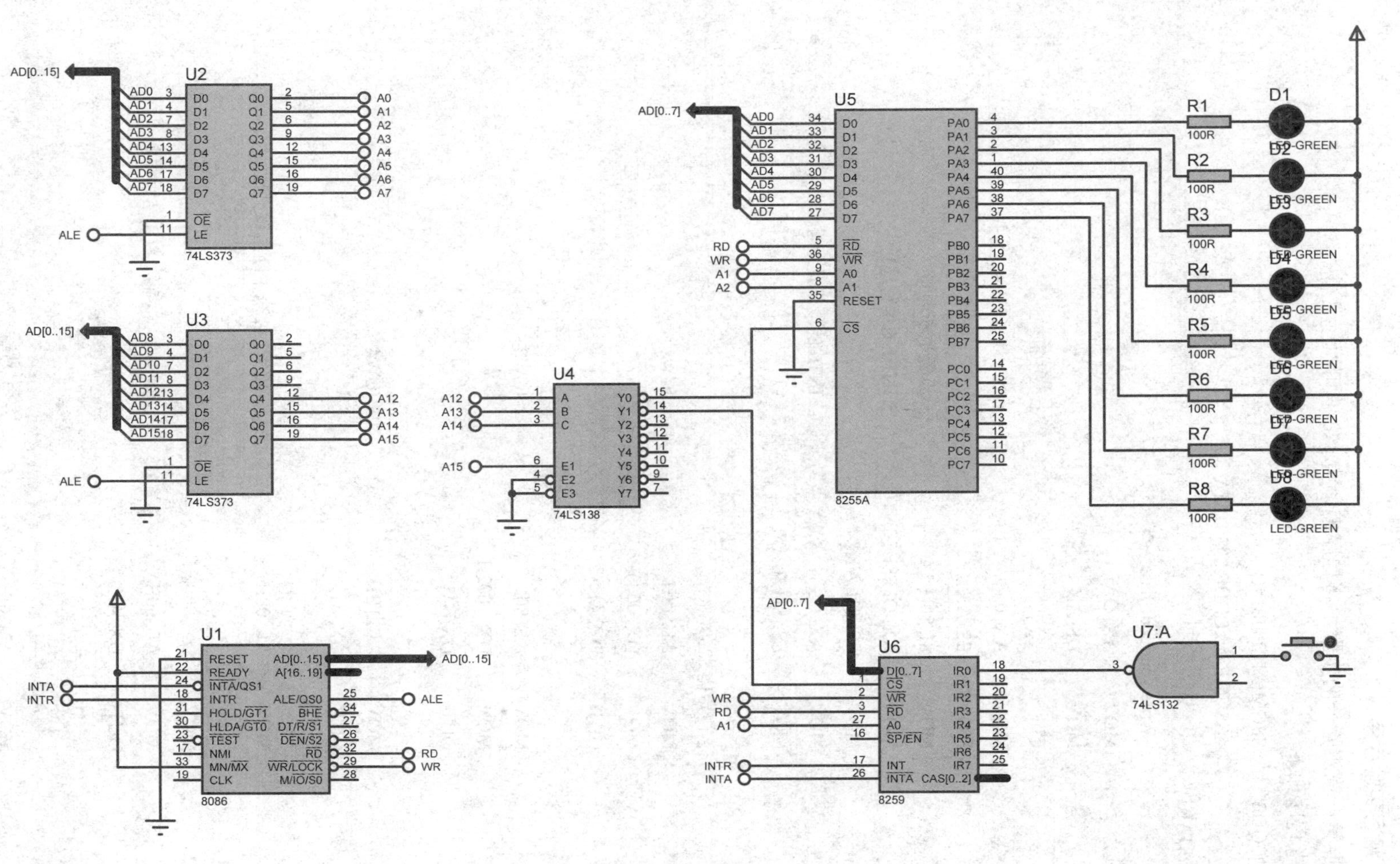

图 4-1-1　微机 I/O 口实验设计图

3. 编写实验程序

参照第一篇实验一的步骤，将程序编译为.exe 的可执行文件。

参考程序如下：

```
CODE    SEGMENT PUBLIC
        ASSUME CS:CODE, DS:DATA
START:
        ; Write your code here
        MOV     AX, DATA
        MOV     DS, AX
        CLI                             ; 关中断
        MOV     AX, 0
        MOV     ES, AX
        MOV     SI, 80H * 4             ; 设置中断向量
        MOV     AX, OFFSET INT0         ; INT0 的偏移地址
        MOV     ES:[SI], AX
        MOV     AX, CS                  ; INT0 的段基地址
        MOV     ES:[SI+2], AX

        ; 初始化 8259A
        MOV     AL, 13H                 ; ICW1
        MOV     DX, 9000H
        OUT     DX, AL

        MOV     AL, 80H                 ; ICW2
        MOV     DX, 9002H
        OUT     DX,  AL

        MOV     AL, 1BH                 ; ICW4
        OUT     DX, AL

        MOV     AL, 00H                 ; OCW1, 8 个中断全部开放

        MOV     DX, 9000H
        MOV     AL, 60H                 ; OCW2, 非特殊 EOI 结束中断
        OUT     DX, AL

        ; 初始化 8255
        MOV     AL, 80H                 ; 写 8255 方式控制字
        MOV     DX, 8006H
```

```
        OUT     DX, AL

        MOV     AL, CNT             ; 输出数据
        MOV     DX, 8000H
        OUT     DX, AL

        STI                         ; 开中断

AGAIN:  JMP     AGAIN

        ; 以下为中断子程序
INT0:   CLI
        MOV     AL, CNT
        ROL     AL, 1
        MOV     CNT, AL

        MOV     DX, 8000H
        OUT     DX, AL

        MOV     DX, 9000H           ; 向 8259A 发送 EOI 命令
        MOV     AL, 60H
        OUT     DX, AL
        STI
        IRET

        CODE    ENDS

        ; 定义数据段
DATA    SEGMENT
        CNT     DB 1
DATA    ENDS
        END START
```

4. 实验测试和结果分析

在 Proteus 中仿真运行，观察仿真执行效果。

注意：在 Proteus 中，需要编辑 8086 的属性，将 Internal Memery Size 设置为 0×10000，并在 Program Files 中选择已经编译好的 exe 文件，仿真才能正常运行。

5. 实验提示

(1) 8259A、8255 的使用说明可详细阅读主教材第 5 章的 5.4 节和第 6 章的 6.2 节。

(2) 8086 的中断系统采用中断向量的方式。内存中特定位置有一个中断向量表，表内存有不同中断类型的中断向量(中断入口地址)。不同中断类型的中断向量在表内有对应的偏移地址，其计算方法是：中断类型×4。

(3) 中断类型由 8259A 通过数据总线送给 8086，8086 内部电路会将该类型值自动乘以 4，而后赋给指令指针，从而转向中断向量表的相应单元取得中断入口地址，之后就进入中断服务程序。

四、实验报告要求

(1) 记录实验显示结果，并将测试显示截图放到实验报告中。

(2) 尝试修改程序或电路，改变 LED 的显示效果，记录实验显示结果，并将测试显示截图放到实验报告中。

思 考 题

1. 试修改中断服务程序，当按下单脉冲发生器的开关一次后，使 8 个 LED 发光二极管依次循环点亮。

2. 试修改本实验的设计，使用 8255 的 B 口作为输出口。

实验二　单片机 P1 口仿真实验

实验项目名称：单片机 P1 口仿真实验
实验项目性质：普通
所属课程名称：微处理器与接口技术
实验仪器设备：Proteus 仿真软件、MASM 汇编程序
实验计划学时：2

一、实验目的

(1) 学习 P1 口的使用方法。
(2) 学习延时子程序的编写和使用。

二、实验内容和要求

本实验是针对第三篇实验一的仿真实验。具体实验内容和要求见第三篇的实验一。

1. P1 口作输出口，接 8 只发光二极管，编写程序，使发光二极管循环点亮。

2. P1 口作输入口，接 8 个按钮开关，以 74LS273 作输出口，编写程序读取开关状态，在发光二极管上显示出来。

三、实验方法、步骤和测试

1. 实验方法

P1 口为准双向口，P1 口的每一位都能独立地定义为输入脚或输出脚。作输入时，必须向锁存器相应位写入“1”，该位才能作为输入。8051 中所有口锁存器在复位时均置为“1”，如果后来在口锁存器写过“0”，在需要时应写入一个“1”，使它成为一个输入口。可以用第二个实验做验证。先按要求编好程序并调试成功后，可将 P1 口锁存器中置“0”，此时将 P1 作输入口，然后查看结果。

延时程序的实现通常有两种方法：一是用定时器/计数器中断来实现；二是用指令循环来实现。在系统时间允许的情况下可以采用后一种方法实现延时程序。

本实验系统晶振为 6.144 MHz，则一个机器周期为(12 ÷ 6.144)μs 即(1 ÷ 0.512)μs。现要写一个延时 0.1 s 的程序，可大致写出如下程序：

```
        MOV R7, #X          (1)
DEL1:   MOV R6, #200        (2)
DEL2:   DJNZ R6, DEL2       (3)
        DJNZ R7, DEL1       (4)
```

上面程序中的 MOV、DJNZ 指令均需两个机器周期，所以每执行一条指令需要(1÷0.256)μs，现求出 X 值：

$$\frac{1}{0.256}+X\left(\frac{1}{0.256}+200\times\frac{1}{0.256}+\frac{1}{0.256}\right)=0.1\times10^{6}$$

指令(1)所需时间　指令(2)所需时间　指令(3)所需时间　指令(4)所需时间

$$X=\frac{0.1\times10^{6}-\dfrac{1}{0.256}}{\dfrac{1}{0.256}+200\times\dfrac{1}{0.256}+\dfrac{1}{0.256}}=127\text{D}=7\text{FH}$$

经计算得 $X=127$。代入上式可知实际延时时间约为 0.100215 s，已经很精确了。

输出和输入的实验设计图如图 4-2-1 和图 4-2-2 所示。

4-2-1　P1 口输出实验设计

4-2-2　P1 口输入实验设计

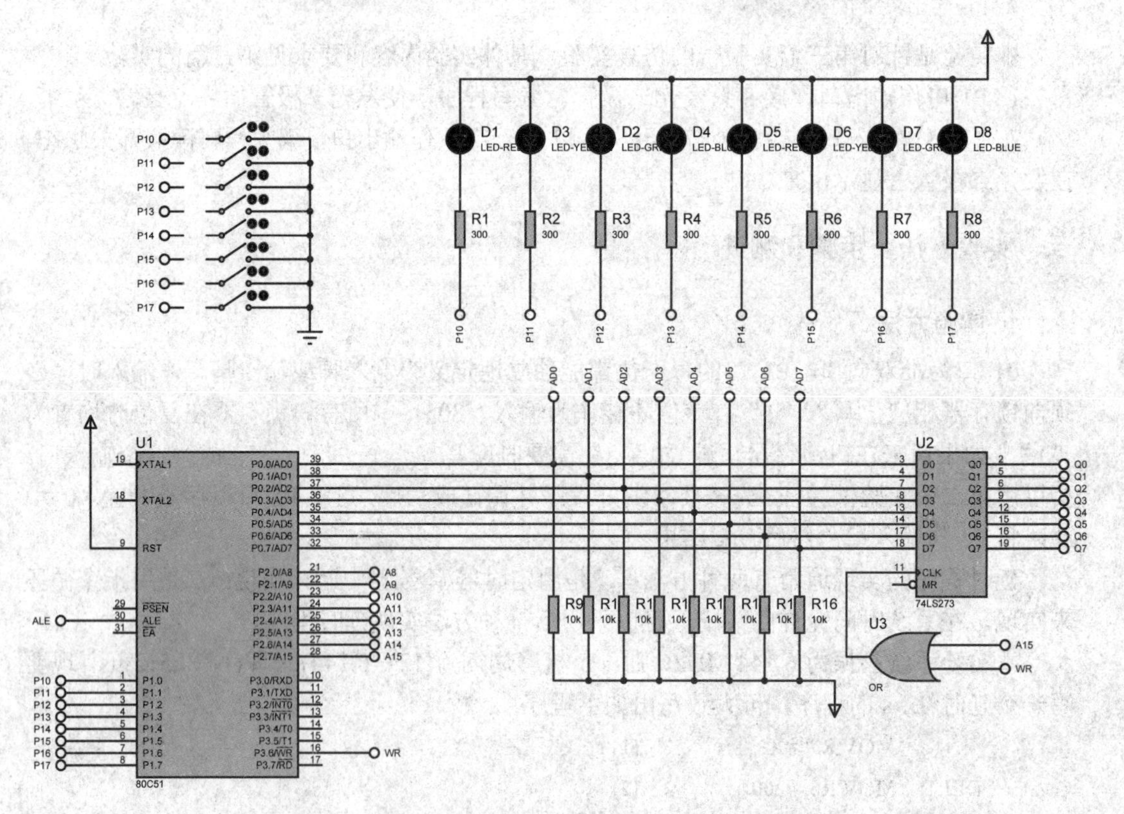

图 4-2-1　P1 口输出实验设计图

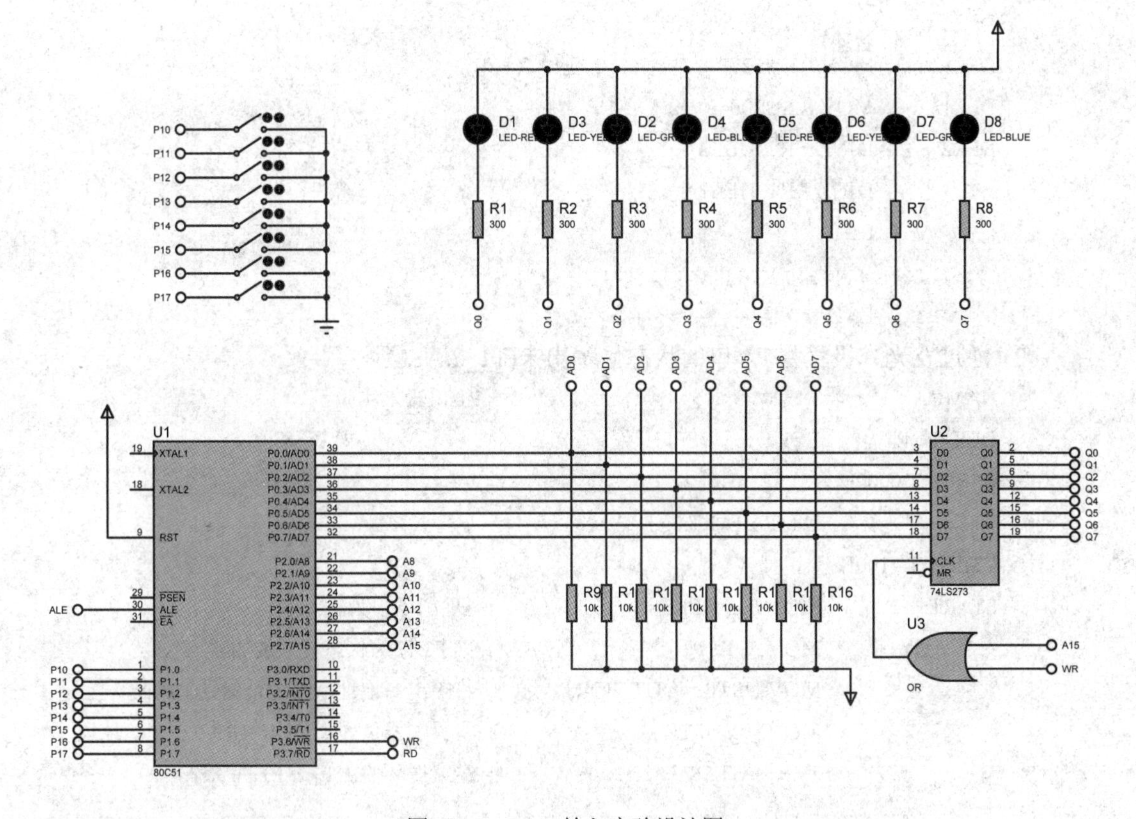

图 4-2-2　P1 口输入实验设计图

2. 实验接线

执行程序 1(T1_1.ASM)时：P1.0～P1.7 接发光二极管 D1～D8。

执行程序 2(T1_2.ASM)时：P1.0～P1.7 分别接 8 个开关；74LS273 的 Q0～Q7 接发光二极管 D1～D8；80C51 的地址线 A15 与 $\overline{\text{WR}}$ 经过或门接 74LS273 的 CLK。

3. 编写实验程序和调试

程序框图与第三篇实验一相同。

参考程序如下：

汇编程序

(1) 循环点亮发光二极管(T1_1.ASM)。

```
NAME        T1_1                    ; P1 口输出实验
CSEG AT 0000H
        LJMP START
CSEG AT 4100H
START:      MOV A, #0FEH
LOOP:       RL   A                  ; 左移一位，点亮下一个发光二极管
            MOV P1, A
            LCALL DELAY             ; 延时 0.1 s
            JMP     LOOP
```

```
;;;;;;;;;;;;;;;;;;;;;;;;;;;;;;;;;;;;;;
DELAY:      MOV R1, #127            ; 延时 0.1 s
DEL1:       MOV R2, #200
DEL2:       DJNZ    R2, DEL2
            DJNZ    R1, DEL1
            RET
;;;;;;;;;;;;;;;;;;;;;;;;;;;;;;;;;;;;;;
            END
```

(2) 通过发光二极管将 P1 口的状态显示出来(T1_2.ASM)。

```
NAME            T1_2                        ; P1 口输入实验
OUT_PORT        EQU     7FFFH
CSEG AT 0000H
                LJMP START
CSEG AT 4100H
START:          MOV P1, #0FFH               ; 复位 P1 口为输入状态
                MOV A, P1                   ; 读 P1 口的状态值入累加器 A
                MOV DPTR, #OUT_PORT         ; 将输出口地址赋给地址指针 DPTR
                MOVX @DPTR, A               ; 将累加器 A 的值赋给 DPTR 指向的地址
                JMP     START               ; 继续循环监测端口 P1 的状态
                END
```

C 语言程序

(1) 循环点亮发光二极管(T1_1.c)。

```
#include    <reg51.h>
void delay(void)
{
    unsigned int i;
    for(i=0; i<30000; i++);
}
void main(void)
{
    unsigned char tmp=0xfe;
    while(1)
    {
        P1= tmp;
        delay();
        tmp = ((tmp<<1)|1);
        if(tmp==0xff) tmp=0xfe;
    }
}
```

(2) 通过发光二极管将 P1 口的状态显示出来(T1_2.c)。

```
#include      <reg51.h>
#include      <absacc.h>
#define       Out_port          XBYTE[0x7fff]
void delay(void)
{
      unsigned int i;
      for(i=0; i<100; i++);
}
void main(void)
{
      while(1)
      {
            P1= 0xff;
            Out_port = P1;
            delay();
      }
}
```

4. 实验测试和结果分析

在 Proteus 中仿真运行，观察仿真执行效果。

四、实验报告要求

(1) 记录实验中遇到的各种问题及解决过程、调试结果。
(2) 记录输出实验显示结果，并将测试显示截图放到实验报告中。
(3) 记录输入实验显示结果，并将测试显示截图放到实验报告中。

思 考 题

1. 根据电路设计，说明在 P1 口输入实验中 74LS273 的地址是如何确定的。
2. P0 口在什么情况下需要外接上拉电阻？
3. 尝试修改电路及程序，改变 LED 的显示。

实验三　单片机定时器/计数器仿真实验——循环彩灯实验

实验项目名称：单片机定时器/计数器仿真实验——循环彩灯实验

实验项目性质：普通

所属课程名称：微处理器与接口技术

实验仪器设备：Proteus 仿真软件、MASM 汇编程序

实验计划学时：2

一、实验目的

(1) 学习 8051 内部定时器/计数器的使用和编程方法。

(2) 进一步掌握中断处理程序的编写方法。

二、实验内容和要求

本实验是针对第三篇实验六的仿真实验。实验内容和实验要求同第三篇实验六的一致。

三、实验方法、步骤和测试

4-3-1　单片机定时器/计数器仿真实验设计

1. 实验方法

本实验是第三篇实验六的仿真实验。实验设计图如图 4-3-1 所示。

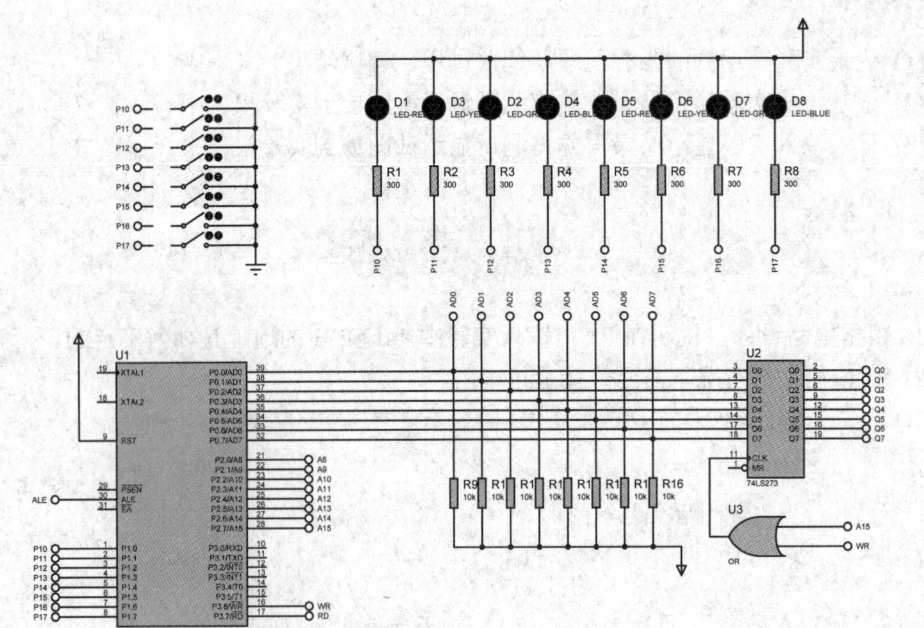

图 4-3-1　单片机定时器/计数器仿真实验设计图

2. 实验接线

本实验的实验接线为：P1.0～P1.7 分别接发光二极管 D1～D8 即可。

3. 编写程序和调试

程序框图与第三篇实验六相同。

参考程序如下：

汇编程序(**T6a.ASM**)：

```
         NAME     T6a                  ; 定时器/计数器实验
         ; OUTPORT      EQU     0CFB0H
         CSEG     AT    0000H
         LJMP     START

         CSEG     AT          001BH    ; 定时器/计数器 1 中断程序入口地址
         LJMP     INT

         CSEG     AT          0100H
START:   MOVA, #01H                    ; 首显示码
         MOV      R1, #03H             ; 03 是偏移量，即从基址寄存器到表首的距离
         MOV      R0, #5H              ; 05 是计数值
         MOV      TMOD, #10H           ; 定时器/计数器置为方式 1
         MOV      TL1, #0AFH           ; 装入时间常数
         MOV      TH1, #03CH
         ORL      IE, #88H             ; CPU 中断开放标志位和定时器/计数器
                                       ; 1 溢出中断允许位均置位
         SETB     TR1                  ; 开始计数
LOOP1:   CJNE     R0, #00, DISP
         MOV      R0, #5H              ; R0 计数计完一个周期，重置初值
         INC      R1                   ; 表地址偏移量加 1
         CJNE     R1, #26H, LOOP2
         MOV      R1, #03H             ; 如到表尾，则重置偏移量初值
LOOP2:   MOV      A, R1                ; 从表中取显示码入累加器
         MOVC     A, @A+PC
         JMP      DISP
         DB 01H, 03H, 07H, 0FH, 1FH, 3FH, 7FH, 0FFH, 0FEH, 0FCH
         DB 0F8H, 0F0H, 0E0H, 0C0H, 80H, 00H, 0FFH, 00H, 0FEH
         DB 0FDH, 0FBH, 0F7H, 0EFH, 0DFH, 0BFH, 07FH, 0BFH, 0DFH
         DB 0EFH, 0F7H, 0FBH, 0FDH, 0FEH, 00H, 0FFH, 00H
DISP:    MOV      P1, A                ; 将取得的显示码从 P1 口输出显示
         JMP      LOOP1
```

```
INT:    CLR     TR1             ; 停止计数
        DEC     R0              ; 计数值减 1
        MOV     TL1, #0AFH      ; 重置时间常数初值
        MOV     TH1, #03CH
        SETB    TR1             ; 开始计数
        RETI                    ; 中断返回
        END
```

C 语言程序(**T6.c**)：

```
#include    <reg51.h>
char buf;
void time1(void) interrupt 3
{
    TR1 = 0;
    TL1 = 0xaf;
    TH1 = 0x3c;
    buf++;
    TR1 = 1;
}
void main(void)
{
    unsigned char led=1;
    TMOD = 0x10;
    TL1 = 0xaf;
    TH1 = 0x3c;
    IE = 0x88;
    TR1 = 1;
    buf = 0;
    P1 = 0xfe;
    while(1)
    {
        if(buf==10)
        {
            led<<=1;
            if(!led) led = 1;
            P1 = ～led;
            buf = 0;
        }
    }
}
```

4. 实验测试和结果分析

在 Proteus 中仿真运行，观察仿真执行效果。

四、实验报告要求

(1) 记录实验中遇到的各种问题及解决过程、调试结果。

(2) 记录实验显示结果，并将测试显示截图放到实验报告中。

思 考 题

1. 尝试改变单片机的时钟频率，计算定时时间和时间常数，并观察仿真效果。

2. 编写一个产生方波的程序，并在电路中使用 LED 或 Proteus 的图标工具，显示出仿真效果。

附　　录

附录一　EL-MUT-Ⅳ型微机教学实验系统说明

一、系统结构

EL-MUT-Ⅳ 型微机教学实验系统由电源、系统板、CPU 板、可扩展的实验模板、微机串口通信线、JTAG 通信线及通用连接线组成。系统板的结构简图如附图 1-1 所示。

EL-MUT-Ⅳ型微机教学实验系统外形美观，具有优良的电特性、物理特性，便于安装，运行稳定，可扩展性强。

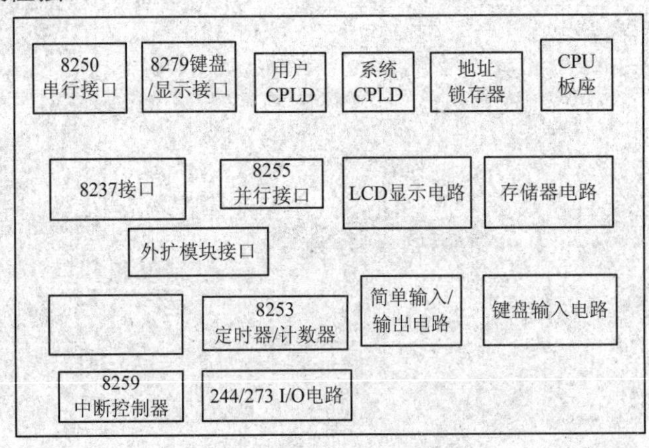

附图 1-1　系统板结果简图

二、系统资源

1. 8086 单元

(1) 微处理器：8086。

(2) 时钟频率：6 MHz。

(3) 存储器。

① 6264：系统 RAM，地址范围 0～3FFFH，奇地址有效；

② 6264：系统 RAM，地址范围 0～3FFFH，偶地址有效；

③ 27C64：系统 ROM，地址范围 FFFFF～FC000H，奇地址有效；

④ 27C256：系统 ROM，地址范围 FFFFF～FC000H，偶地址有效。

(4) 系统资源分配。

① 地址分配。

CS0：片选信号，地址 04A0H～04AFH，偶地址有效；

CS1：片选信号，地址 04B0H～04BFH，偶地址有效；

CS2：片选信号，地址 04C0H～04CFH，偶地址有效；

CS3：片选信号，地址 04D0H～04DFH，偶地址有效；

CS4：片选信号，地址 04E0H～04EFH，偶地址有效；

CS5：片选信号，地址 04F0H～04FHF，偶地址有效；

CS6：片选信号，地址 0000H～01FFH，偶地址有效；

CS7：片选信号，地址 0200H～03FFH，偶地址有效；

8250：片选地址：0480H～048FH，偶地址有效；

8279：片选地址：0490H～049FH，偶地址有效。

② 硬件实验说明。所有实验程序的起始地址为 01100H，CS=0100H，IP=0100H，代码段、数据段、堆栈段在同一个 64K 的地址空间中。

2. 8051 单元

(1) 微处理器：80C31，它的 P1 口、P3 口皆对用户开放，供用户使用。

(2) 时钟频率：6.0 MHz。

(3) 存储器：程序存储器与数据存储器统一编址，最多可达 64 KB，板载 ROM(监控程序 27C256)12 KB；RAM1(程序存储器 6264)8 KB 供用户下载实验程序，可扩展达 32 KB；RAM2(数据存储器 6264)8 KB 供用户程序使用，可扩展达 32 KB。(RAM 程序存储器与数据存储器不可同时扩至 32 KB，具体可与厂家联系)，如附图 1-2 所示。

附图 1-2　存储器组织图

在程序存储器中，0000H～2FFFH 为监控程序存储器区，用户不可用；4000H～5FFFH 为用户实验程序存储区，供用户下载实验程序。数据存储器的范围为 6000H～7FFFH，供用户实验程序使用。

注意：因用户实验程序区位于 4000H～5FFFH，用户在编写实验程序时要注意，程序的起始地址应为 4000H，所用的中断入口地址均应在原地址的基础上加上 4000H。例如：外部中断 0 的原中断入口为 0003H，用户实验程序的外部中断 0 的中断程序入口为 4003H，其他依此类推，如附表 1-1 所示。

附表 1-1　用户中断程序入口表

中断名称	8051 原中断程序入口	用户实验中断程序入口
外中断 0	0003H	4003H
定时器/计数器 0 中断	000BH	400BH
外中断 1	0013H	4013H
定时器/计数器 1 中断	001BH	401BH
串行口中断	0023H	4023H

(4) 资源分配。

本系统采用可编程逻辑器件(CPLD)EPM7128 做地址的编译码工作，可通过芯片的 JTAG 接口与 PC 机相连，对芯片进行编程。此单元也分两部分：一部分为系统 CPLD，完成系统器件，如监控程序存储器、用户程序存储器、数据存储器、系统显示控制器、系统串行通信控制器等的地址译码功能，同时也由部分地址单元经译码后输出(插孔 CS0～CS5)给用户使用，他们的地址固定，用户不可改变，具体的对应关系见附表 1-2；另一部分为用户 CPLD，它完全对用户开放，用户可在一定的地址范围内，进行编译码，输出为插孔 LCS0～LCS7，用户可用的地址范围见附表 1-2。

注意：用户的地址不能与系统相冲突，否则将导致错误。

附表 1-2　CPLD 地址分配表

地址范围	输出孔/映射器件	性质(系统/用户)
0000H～2FFFH	监控程序存储器	系统 *
3000H～3FFFH	数据存储器	系统 *
4000H～7FFFH	用户程序存储器	系统 *
8000H～CFDFH	LCS0～LCS7	用户
CFE0H	PC 机串行通讯芯片 8250	系统 *
CFE8H	显示、键盘芯片 8279	系统
CFA0H～CFA7H	CS0	系统
CFA8H～CFAFH	CS1	系统
CFB0H～CFB7H	CS2	系统
CFB8H～CFBFH	CS3	系统
CFC0H～CFC7H	CS4	系统
CFC8H～CFCFH	CS5	系统
CFD0H～FFFFH	LCS0～LCS7	用户

注：系统地址中，除带“*”用户既不可用也不可改外，其他系统地址用户可用但不可改。

附录二　8086调试软件使用指南

一、软件启动

软件安装结束后，在“开始”菜单→“程序”中打开“8086 系统”，即可进入 8086 的 Windows 版软件。

打开软件后，先选择通信口为串口 1 或串口 2，确认后即可联机调试，也可以选择“取消”，不联机，直接进入软件，如附图 2-1 所示。

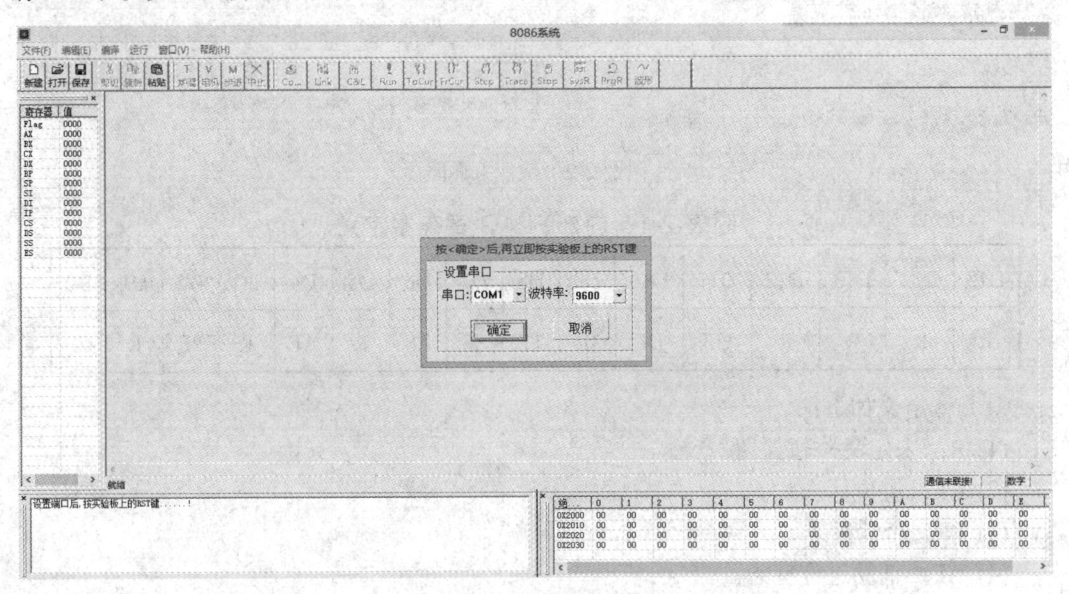

附图 2-1　软件启动界面

二、编辑程序

打开软件后，主界面如附图 2-2 所示。

可选择“打开”菜单，打开现有的程序或者选择“新建”，新编辑一个程序。

书写程序时注意：在 org　100h 的下一行，必须写标号 start，否则不能通过连接。

三、编译调试

编辑程序结束后，选择“运行”菜单“连接装置”，选择通信串口，鼠标点击“确定”的同时，按下硬件系统的复位按钮，若连接建立成功，数码管显示 C_，否则显示 P_。然后可以进行编译、链接，在“运行”菜单中可选择多种调试手段进行调试运行。同时可在“窗口”菜单下选择打开多个观察窗口，如寄存器窗口、内存窗口、外存窗口，通过修改存储器地址可查看不同地址区的内容，也可以对其进行修改。

内部 FLAG 寄存器位定义如附表 2-1 所示。

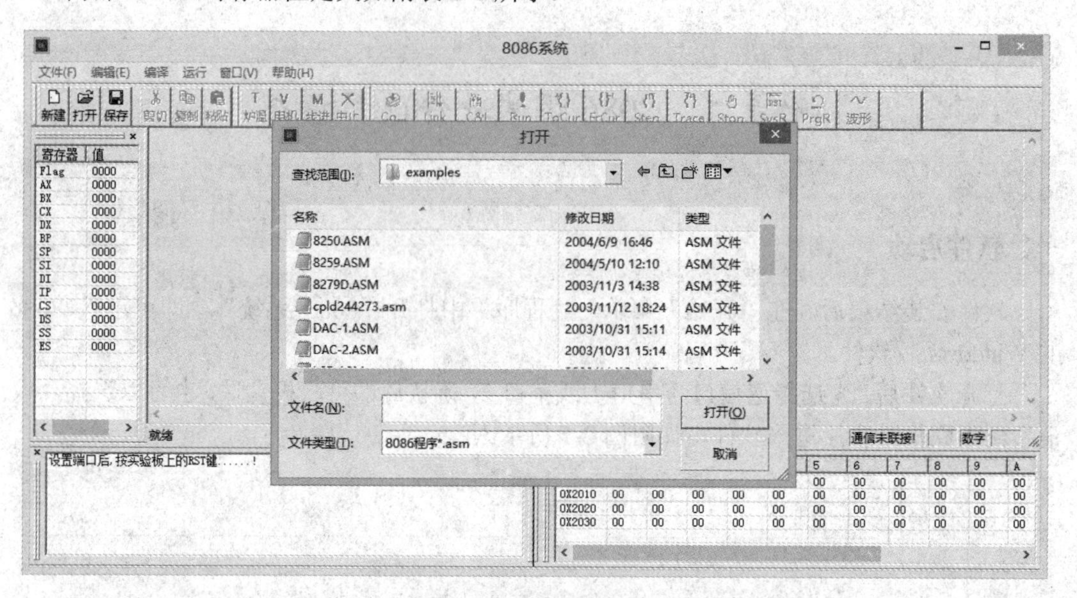

附图 2-2　软件主界面

附表 2-1　内部 FLAG 寄存器定义

D15	D14	D13	D12	D11	D10	D9	D8	D7	D6	D5	D4	D3	D2	D1	D0
R	R	R	R	OF	DF	IF	TF	SF	ZF	R	AF	R	PF	R	CF

其具体定义如下：

(1) R：未定义，暂保留。

(2) CF：进位标志。

(3) PF：奇偶标志。

(4) AF：辅助进位标志。

(5) ZF：零标志。

(6) SF：符号标志。

(7) TF：陷阱标志。

(8) IF：中断标志。

(9) DF：方向标志。

(10) OF：溢出标志。

附录三 8051调试软件使用指南

一、软件启动

在“开始”菜单“程序”中选择“MCS51”，进入MCS51软件。出现如附图3-1所示的窗口。提示计算机系统正在与实验系统建立连接，此时请按实验系统板上的“RESET”按键，如果通信正常，则在计算机上提示“连接成功！”，进入程序集成环境，此时数码管显示C_；否则提示“无法复位”，则在脱机模式下进入程序集成环境主窗口。系统默认与实验系统的连接方式为串口1连接。串口及通信参数的确定可在此窗口下设定。

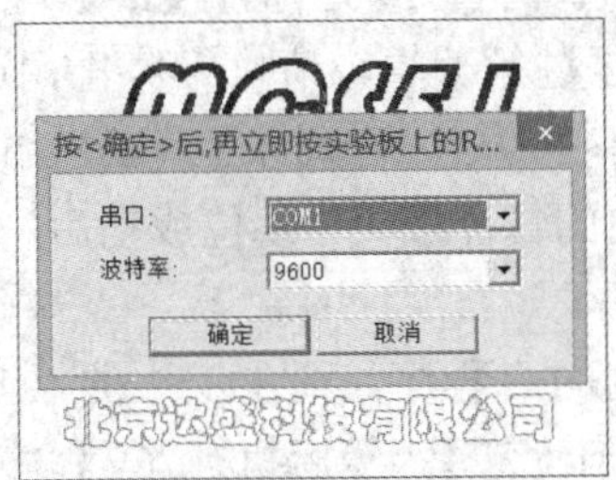

附图3-1 软件启动窗口

二、编辑程序

进入主窗口后，如附图3-2所示。在“文件”中选择“新建”菜单，可进行C语言编辑或汇编语言编辑，也可以选择“打开”，打开现有的实验程序(选择后缀.ASM或.C，可分别打开汇编语言程序和C语言实验程序)。

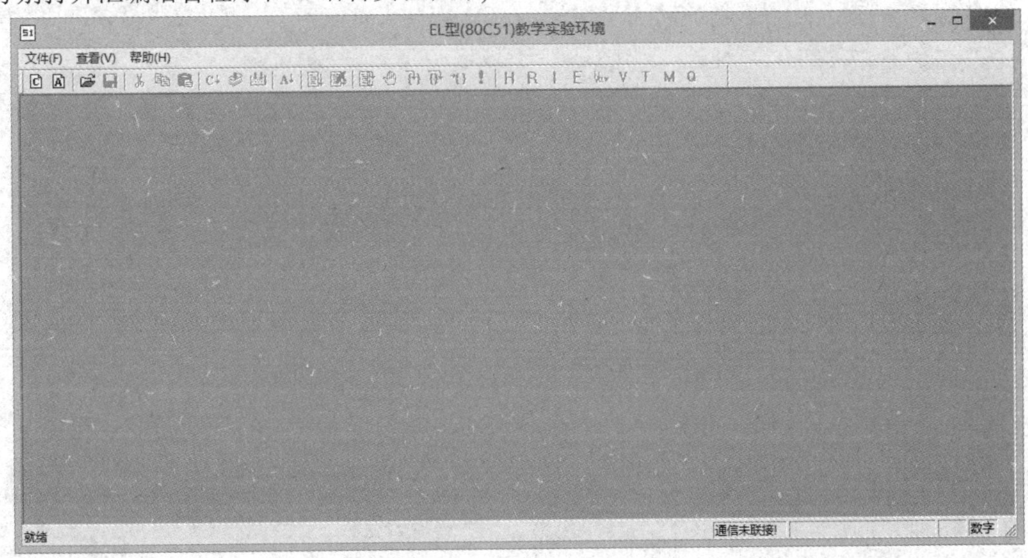

附图3-2 软件主窗口

三、编译调试

程序编辑完成后，点击“保存”即可进行编译调试。在主菜单中“编译”下拉菜单，对当前文件进行编译。“调试”栏可进行系统复位及其他调试手段。“选项”栏“通信串口选项”可进行通信口设置。“查看”栏可打开内存、外存、寄存器等窗口，通过修改存储器地址可查看不同地址区的内容，也可以对其进行修改。

程序调试步骤如下：

(1) 如程序是以“.ASM”为扩展名的汇编程序，则程序编辑完成后，在工具栏中选择“汇编”命令【F3】，编译完成后弹出编译结果信息。如汇编不成功，请参照汇编结果重新编辑程序，直到汇编成功。

(2) 在工具栏中选择“调试”命令【F5】，将程序下载到实验箱的程序存储器。

(3) 调试程序，可进行如下操作：程序复位【Ctrl + F2】、设置/清除断点【Ctrl + F8】、跟踪调试【F7】、单步执行【F8】、执行到光标行【F4】、运行【F9】。在调试的过程不可以对程序进行编辑，如要对程序进行编辑，请执行停止调试【Shift + F5】，然后方可对程序进行编辑；或对单片机进行复位，从主菜单的“调试”下拉菜单中选择“单片机复位”命令【Ctrl + R】，马上按实验箱的复位按钮，复位成功后，数码管显示 C_，然后对程序进行编辑。

如程序是以“.C”为扩展名的 C 程序，则在(1)中的“汇编”命令【F3】是无效的，应执行 C 程序“编译”命令【Ctrl + F7】，然后执行 C 程序“连接”命令，或不执行“编译”“连接”命令，直接执行 C 程序“编译连接”命令。

附录四　Keil μVision 操作步骤

一、启动 μVision5 并创建一个项目

(1) 双击桌面上的“Keil μVision5”图标，进入 Keil μVision5 操作界面，如附图 4-1 所示。

附图 4-1　μVision5 主窗口

(2) 单击菜单栏上的“Project”(工程)，选择“New μVision Project”，弹出“Create New Project”对话框，如附图 4-2 和附图 4-3 所示。

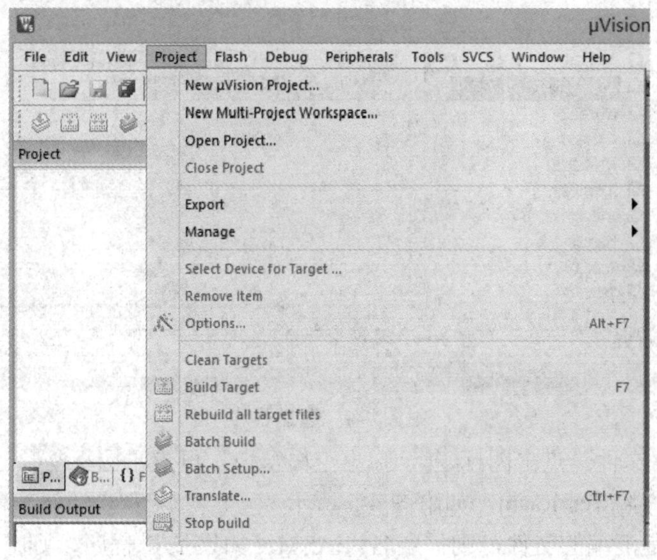

附图 4-2　新建工程

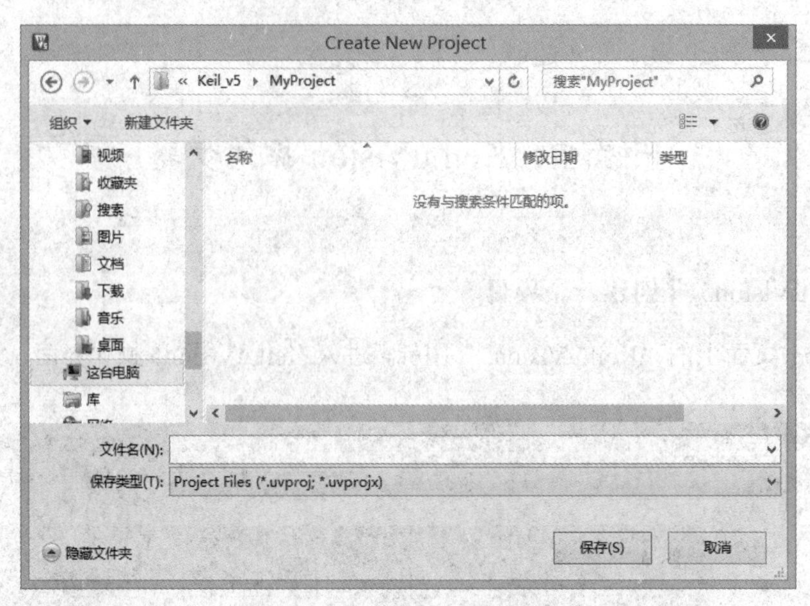

附图 4-3　创建新工程对话框

输入工程名称，如 TEST01，点击“保存”，弹出“Select Device for Target'Target1'”对话框。

(3) 选择芯片。从“Microchip”中找到并选中“AT89S51”，点击“OK”按钮，如附图 4-4 所示。

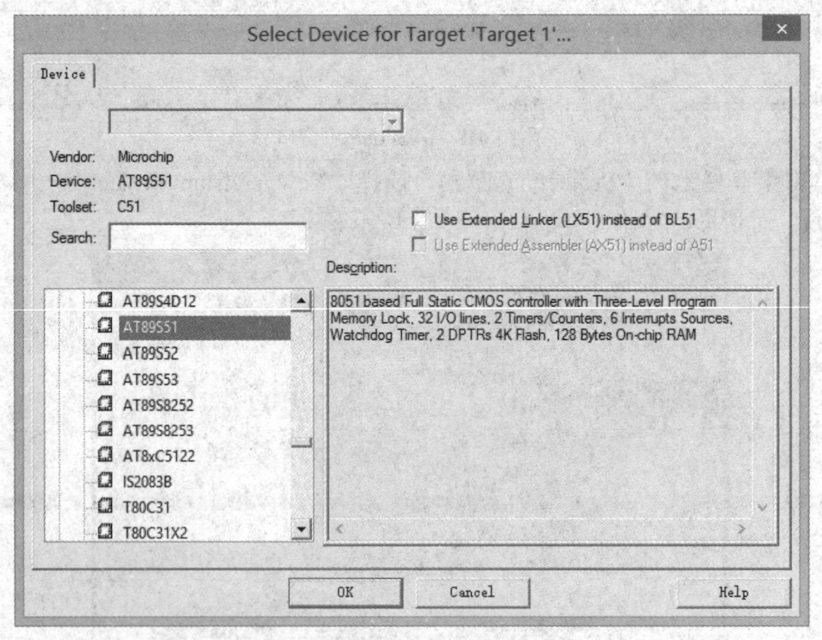

附图 4-4　选择芯片

(4) 新建程序文件。点击图标，弹出空白窗口，再点击图标，弹出“Save As”对话框，输入文件名 Test1.asm，如附图 4-5 所示。

注意：如果是汇编的文件，则扩展名为.ASM；如果是 C 程序，则扩展名为.C。

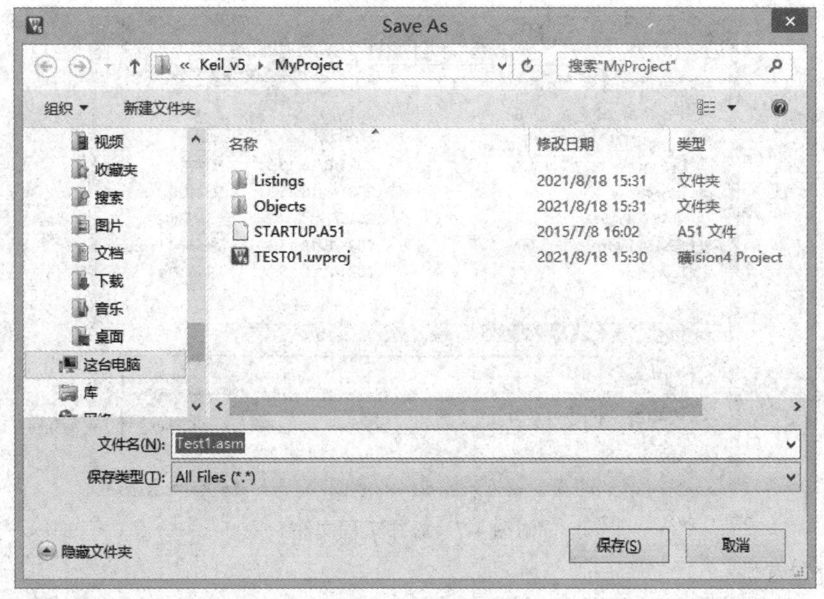

附图 4-5　新建文件

(5) 将新建的程序文件加进工程。

① 点击工程视窗“Target 1”左面的“+”号，展开 “Source Group 1”文件夹，如附图 4-6 所示。

② 右击“Source Group 1”，弹出菜单，选择“Add Files to Group 'Source Group 1'”，弹出“Add Existing Files to Group 'Source Group 1'”对话框。

③ 选择“文件类型”为“Asm Source file (*.a*; *.src)”。

④ 选中刚才新建的文件 Test1.asm，然后点击 “Add”，再点击“Close”，如附图 4-7 所示。这时 Test1.asm 位于 Source Group 1 文件夹下面。

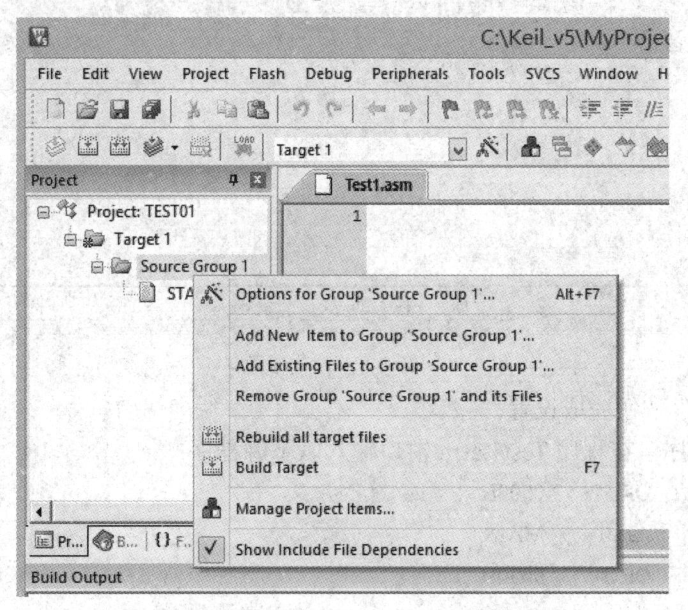

附图 4-6　展开 Source Group1 文件夹

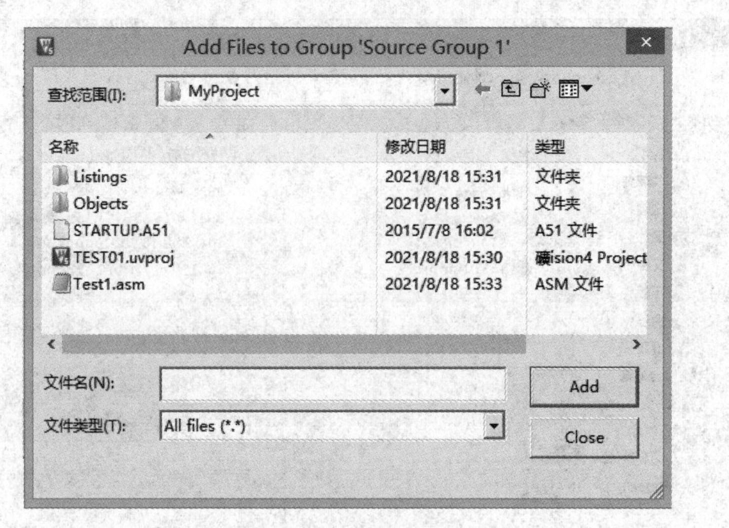

附图 4-7　添加工程文件

(6) 设置参数。

① 右击“Target 1”，弹出菜单，选择“Option for Target 'Target 1'”。

② 将 Xtal (MHz)(晶振)由原来的 33 改为 6(使用 6 MHz 的晶振)。

③ 点击“Output”(输出)选项卡，选中“Create HEX File”(创建 HEX 文件)，如附图 4-8 所示。

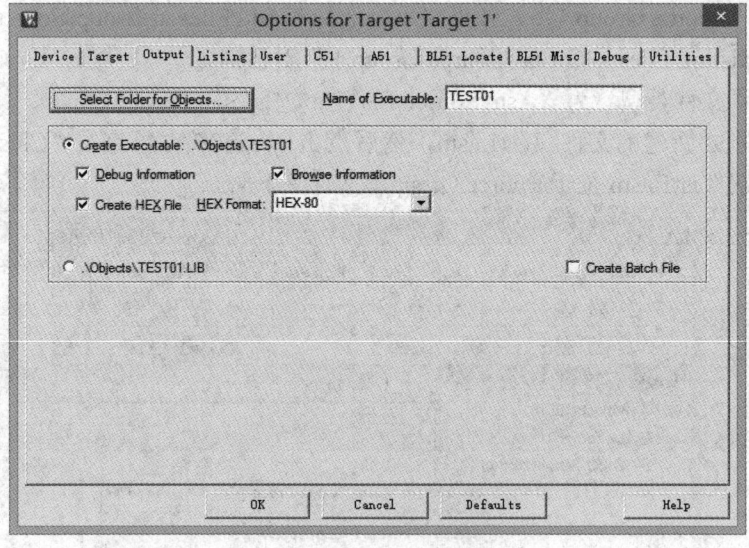

附图 4-8　设置参数

点击“OK”按钮完成设置。

(7) 输入程序。在程序 Test1.asm 窗口输入以下源程序：

```
        ORG     0000H
        AJMP    MAIN
        ORG     0030H
MAIN:                               ；初始化
```

```
        MOV     P2, #0FFH       ; 向 P2 口写#0FFH，准备读取数据
        MOV     A, #0FEH
        MOV     P0, A           ; P0 的初始值为#0FEH
LOOP:   JB      P2.0, LOOP      ; P2.0 为 0 则向下继续执行
        ACALL   DELAY_100MS     ; 按键防抖动延时 100 ms
        JB      P2.0, LOOP      ; P2.0 为 0 则向下继续执行
        RR      A               ; ACC 循环右移动
HRER:   JNB     P2.0, HRER      ; P2.0 为 1 则向下继续执行
        MOV     P0, A           ; 写 P0 口
        AJMP    LOOP            ; 跳转

DELAY_100MS:
        MOV     R6, #64H        ; R5、R6 为临时延时变量
D22:    MOVR5, #0F9H            ; 6 MHz  晶振延时 0.1 s
D21:    DJNZ    R5, D21
        DJNZ    R6, D22
        RET
        END
```

(8) 编译程序，并输出 HEX 文件。单击图标，立即编译程序并生成 HEX 目标文件；或者单击菜单栏上的“Project”(工程)，选择“Rebuild all target file”(重新构造所有对象文件)。如果没有错误则状态栏提示：0 Error(s) , 0 Warning(s) 。

二、调试程序

(1) 单击图标进入调试状态，如附图 4-9 所示，再次点击将结束调试；或者单击菜单栏上的“Debug”(调试)，选择“Start/Stop Debug session”(开始/停止调试模式)，如附图 4-9 所示。

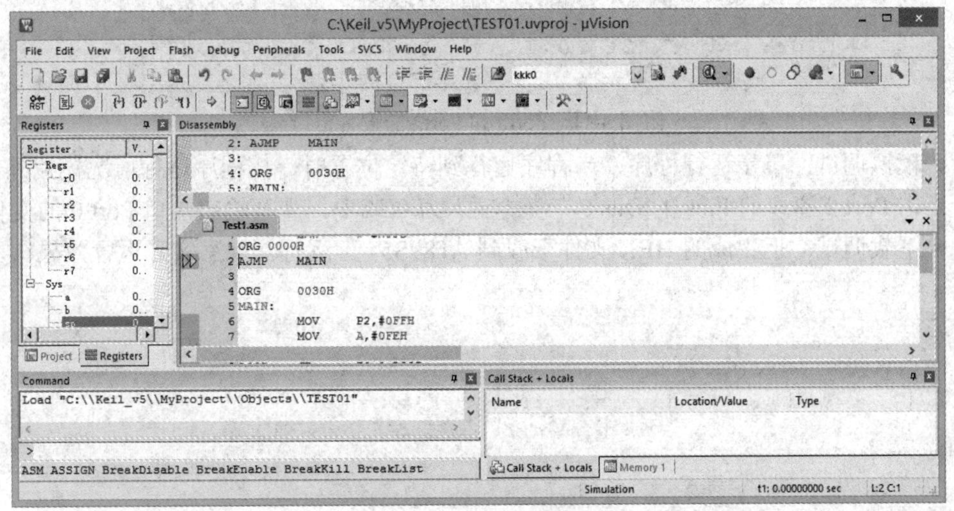

附图 4-9　调试界面

单步运行：单击图标，或者单击菜单栏上的“Debug”(调试)，选择“Step over”(单步运行)。

连续点击，箭头不停移动。箭头指向的程序就是下一步要执行的程序。该调试模式可以观察到AT89S51内部寄存器的变化。

(2) 打开I/O模拟窗口观察输入/输出端口情况。单击菜单栏上的“Peripherals”(外设)，选择“I/O-Ports”，分别打开“Port0”和“Port2”，如附图4-10所示。

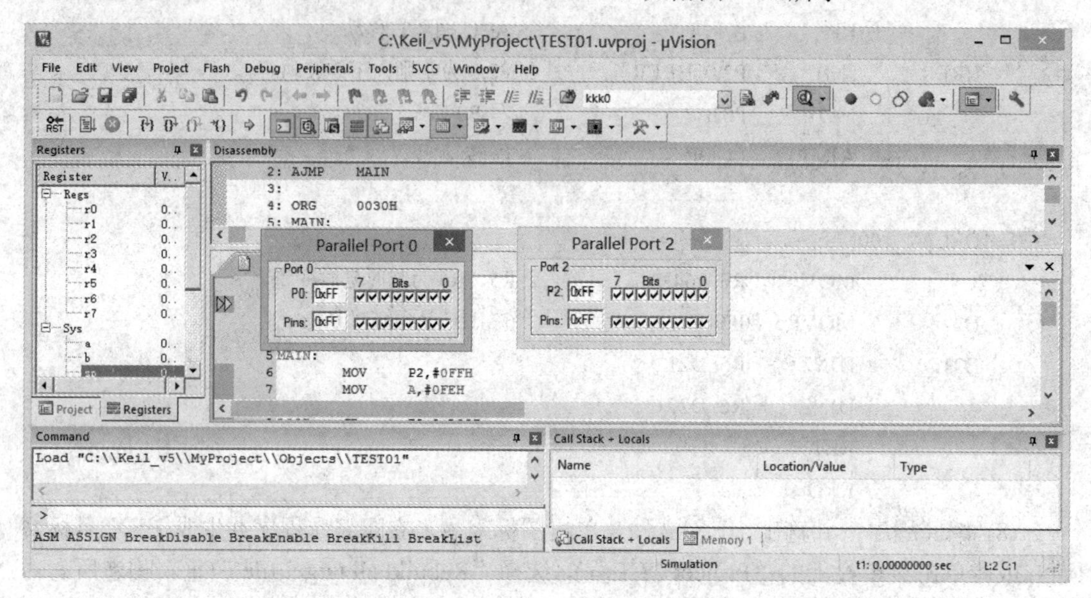

附图4-10　打开模拟I/O口Port0和Port2

P0、P2对应的一行表示Port端口内部的锁存器的值；Pins对应的一行表示Port的引脚状态。有钩表示高电平，无钩表示低电平，如附图4-11所示。

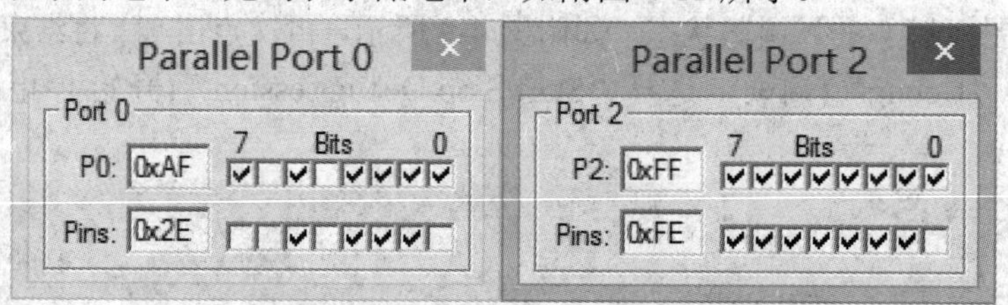

附图4-11　Port0和Port2的设置窗口

♦ 模拟调试：单步运行程序，当程序运行到特定位置时，按程序运行情况模拟外部输入，点击Port 2窗口的Pins的Bits 0，使其输入为0(或1)，观察输出端口Port 0的变化。

♦ 下载调试：把生成的HEX文件下载到AT89S51上运行，观察实际运行效果。

附录五　Proteus 基本操作步骤

一、启动 Proteus

Proteus 启动界面如附图 5-1 所示。

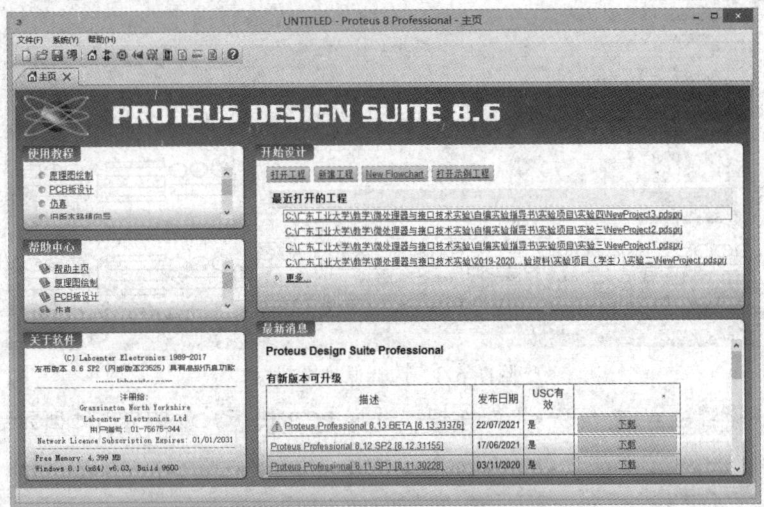

附图 5-1　Proteus 启动界面

二、通过向导创建工程

点击界面中的“新建工程”，或点击“菜单文件”→“新建工程”，出现如附图 5-2 所示的向导界面。

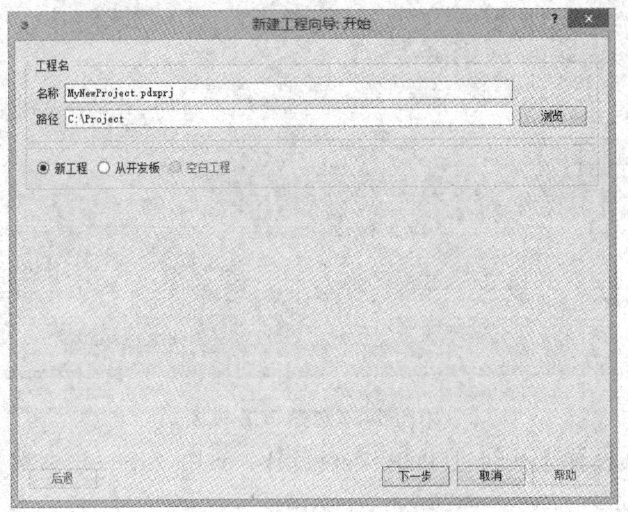

附图 5-2　新建工程向导: 开始

输入工程名称，并选择存放路径，点击“下一步”按钮，选择原理图模板，如附图 5-3 所示。

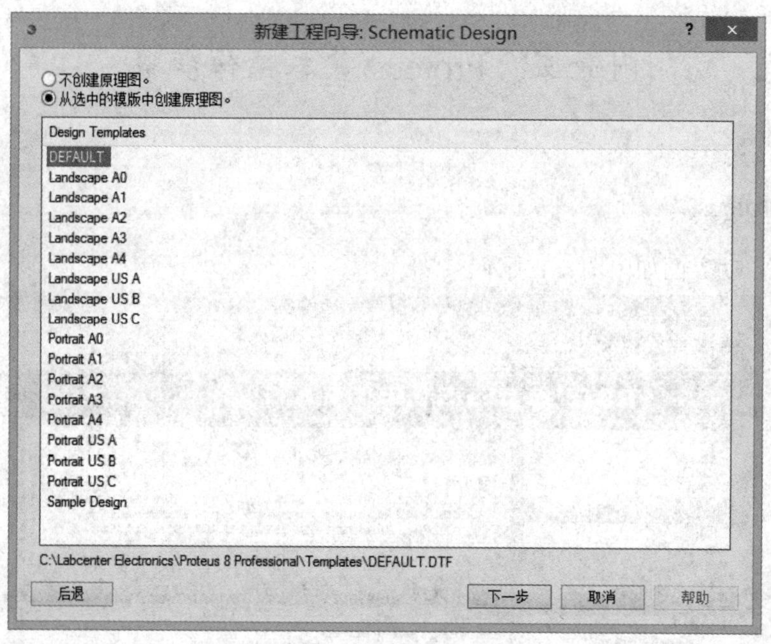

附图 5-3　选择原理图模板

按照默认设置，点击“下一步”按钮，选择 PCB 模板，如附图 5-4 所示。

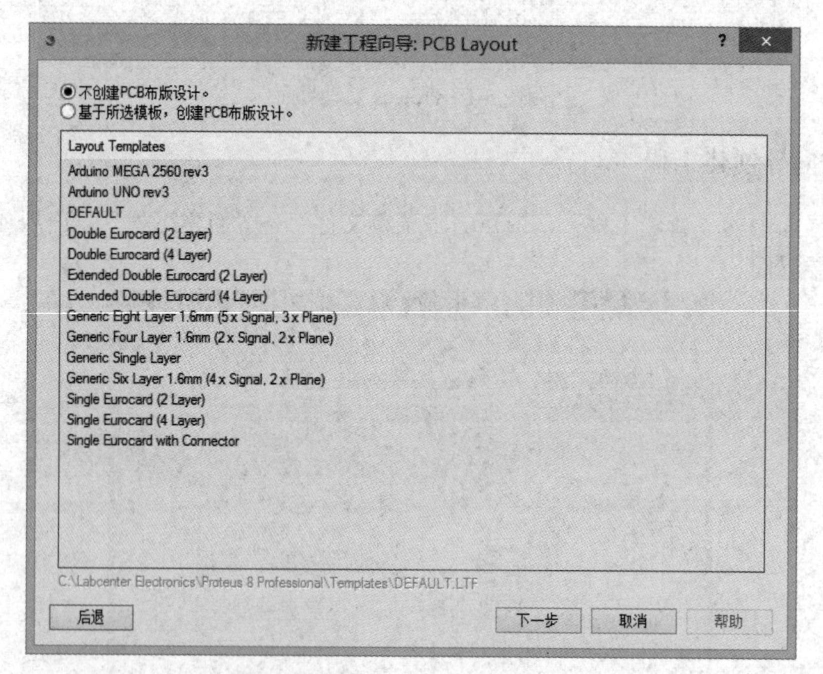

附图 5-4　选择 PCB 模板

此处保持默认设置为不创建 PCB 布板设计，点击“下一步”按钮→“创建固件项目”，如附图 5-5 所示。

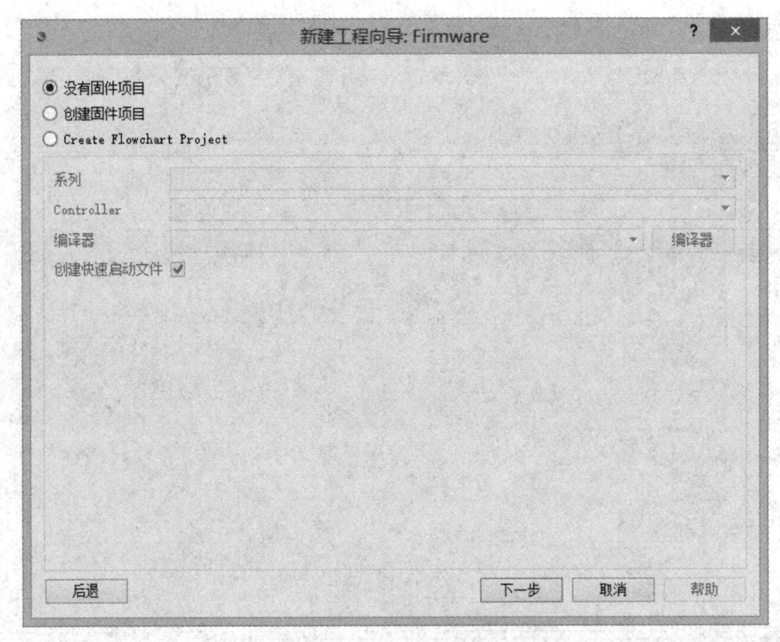

附图 5-5　创建固件项目

此处保持默认，选择没有固件的项目。这里如果选择创建固件项目，可以选 8086、8051 等固件项目。如果已安装相应的编译器，如 8086 对应的 MASM32，8051 对应的 Keil，还可以直接在 Proteus 中编译、调试项目，本实验教材不采用这种方式。点击“下一步”按钮，如附图 5-6 所示。

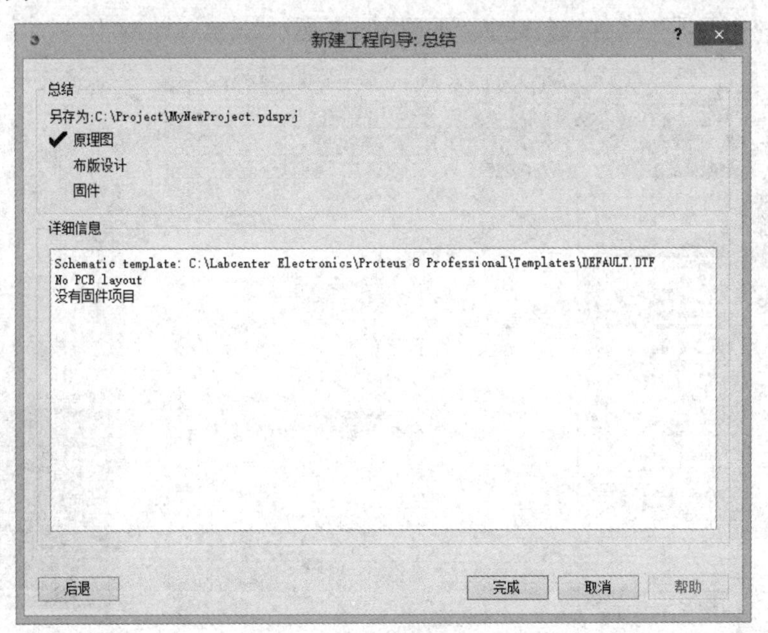

附图 5-6　新建工程向导：总结

这里是全部选择的总结，点击“完成”按钮，则建立好一个工程，打开设计界面，如附图 5-7 所示。

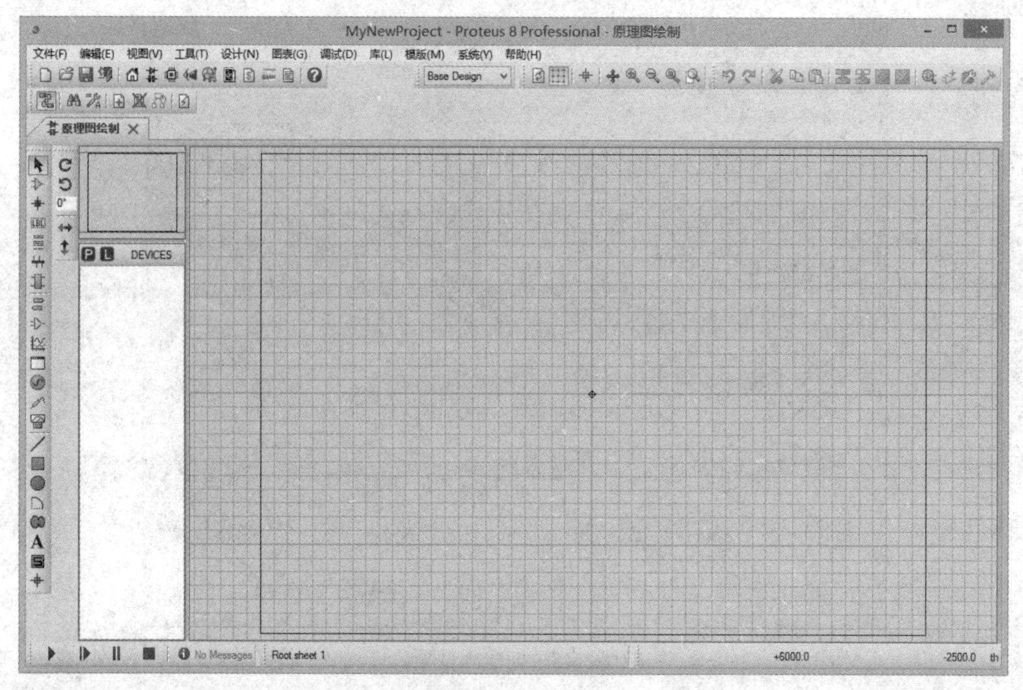

附图 5-7　设计界面

三、设计电路

点击左边窗口中的“P”按钮，选择元件，并加入到该窗口中，在弹出的窗口中，输入想放入电路中元器件名称或关键字，如附图 5-8 所示。

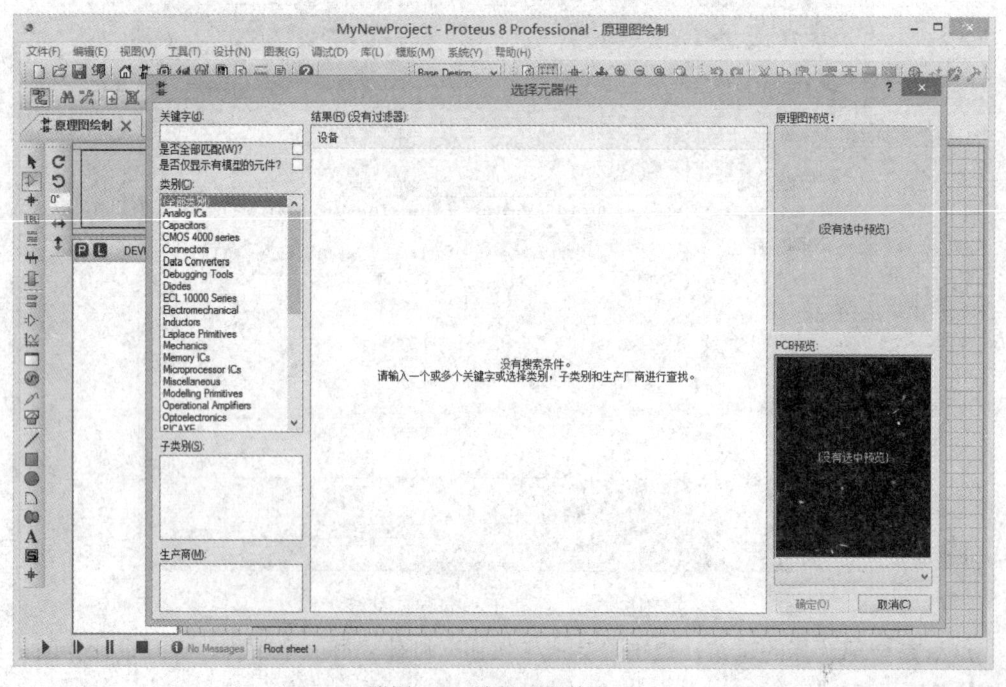

附图 5-8　选择元器件窗口

如在附图 5-8 的“关键字”中输入 8086 后，出现了 8086CPU 供我们选择，如附图 5-9 所示。

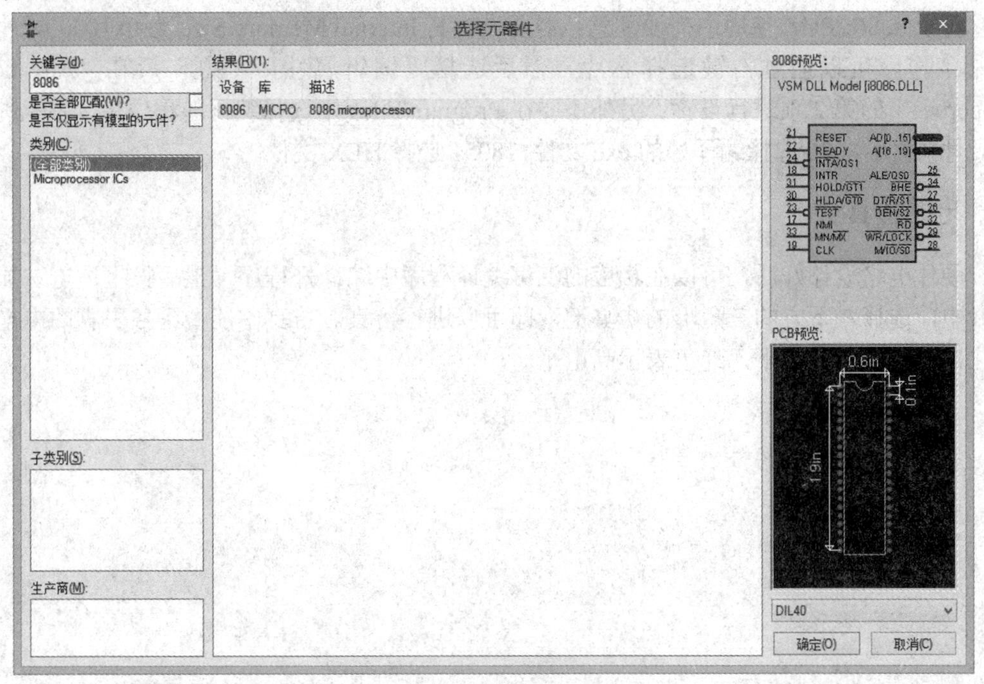

附图 5-9　选择元器件窗口 1

在原理图窗口中，选择元器件，则自动变为放置元器件的光标，在原理图任意位置点击，则元器件放到原理图上，如附图 5-10 所示。

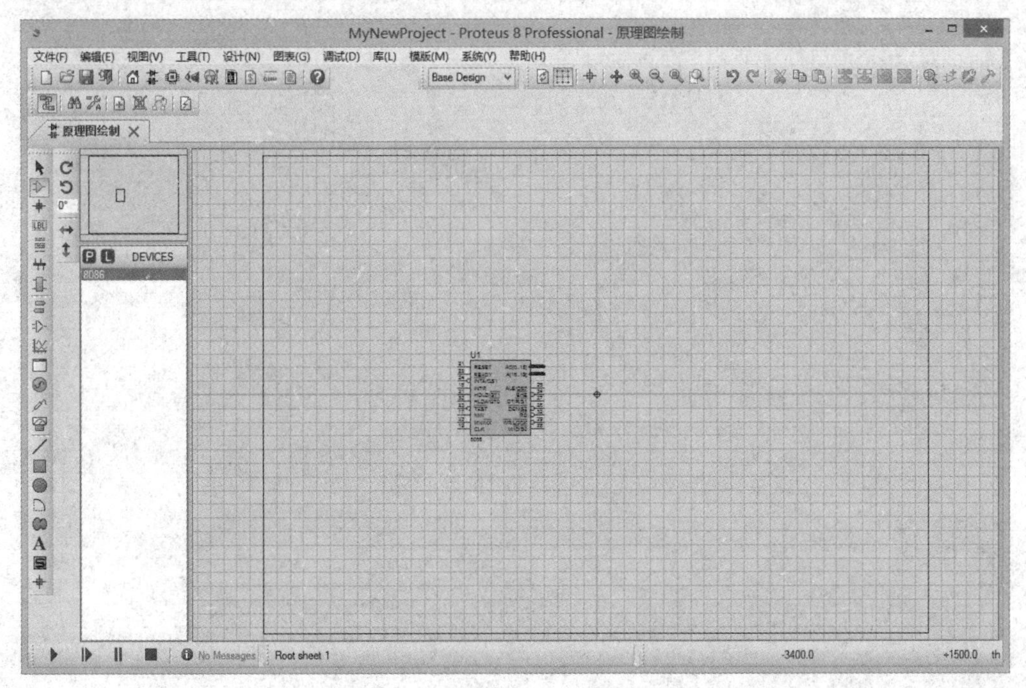

附图 5-10　放置元器件到设计窗口

依此类推，放入所需的文件，并连上连线、结点或终端等，在原理图任意位置都可单击鼠标右键，也可以出现放置元器件选择菜单。

对于 8086CPU，使用中需要注意：需要设置其 Internal Memory Size 为 0x10000，才能正常工作。可以通过右键选择芯片，然后选择“编辑属性”，进入后在“Advanced Properties”的第 2 项进行设置；另外还要在 Program Files 中选择编好的程序后，才能进行软硬件仿真，8086 选择编译好的 exe 文件，8051 选择 HEX 文件。

四、电路仿真

硬件电路设计好后，可以在相应的汇编编译程序中编译好程序，然后按上述方法加到芯片中，选择左下方的三角形的仿真键，即可以进行仿真。仿真中能看到各引脚的电平的变化，蓝色表示低电平，红色表示高电平。